한솔 완벽한 연산

수학은 마라톤입니다.
지금 여러분은 출발 지점에 서 있습니다.
초등학교 저학년 때는
수학 마라톤을 잘 하기 위해
기초 체력을 튼튼히 길러야 합니다.

한솔 완벽한 연산으로 시작하세요.
마라톤을 잘 뛸 수 있는 완벽한 연산 실력을 키워줍니다.

왜 완벽한 연산인가요?

✏️ 기초 연산은 물론, 학교 연산까지 이 책 시리즈 하나면 완벽하게 끝나기 때문입니
다. '한솔 완벽한 연산'은 하루 8쪽씩, 5일 동안 4주분을 학습하고, 마지막 주에는
학교 시험에 완벽하게 대비할 수 있도록 '연산 UP' 16쪽을 추가로 제공합니다.
매일 꾸준한 연습으로 연산 실력을 키우기에 충분한 학습량입니다.
'한솔 완벽한 연산' 하나면 기초 연산도 학교 연산도 완벽하게 대비할 수 있습니다.

 몇 단계로 구성되고, 몇 학년이 풀 수 있나요?

✏️ 모두 6단계로 구성되어 있습니다.
'한솔 완벽한 연산'은 한 단계가 1개 학년이 아닙니다. 연산의 기초 훈련이 가장
필요한 시기인 초등 2~3학년에 집중하여 여러 단계로 구성하였습니다.
이 시기에는 수학의 기초 체력을 튼튼히 길러야 하니까요.

단계	권장 학년	학습 내용
MA	6~7세	100까지의 수, 더하기와 빼기
MB	초등 1~2학년	한 자리 수의 덧셈, 두 자리 수의 덧셈
MC	초등 1~2학년	두 자리 수의 덧셈과 뺄셈
MD	초등 2~3학년	두·세 자리 수의 덧셈과 뺄셈
ME	초등 2~3학년	곱셈구구, (두·세 자리 수)×(한 자리 수), (두·세 자리 수)÷(한 자리 수)
MF	초등 3~4학년	(두·세 자리 수)×(두 자리 수), (두·세 자리 수)÷(두 자리 수), 분수·소수의 덧셈과 뺄셈

?. 책 한 권은 어떻게 구성되어 있나요?

✎ 책 한 권은 모두 4주 학습으로 구성되어 있습니다.
한 주는 모두 40쪽으로 하루에 8쪽씩, 5일 동안 푸는 것을 권장합니다.
마지막 5주차에는 학교 시험에 대비할 수 있는 '연산 UP'을 학습합니다.

?. '한솔 완벽한 연산'도 매일매일 풀어야 하나요?

✎ 물론입니다. 매일매일 규칙적으로 연습을 해야 연산 능력이 향상되기 때문입니다.
월요일부터 금요일까지 매일 8쪽씩, 4주 동안 규칙적으로 풀고, 마지막 주에
'연산 UP' 16쪽을 다 풀면 한 권 학습이 끝납니다.
매일매일 푸는 습관이 잡히면 개인 진도에 따라 두 달에 3권을 푸는 것도 가능
합니다.

?. 하루 8쪽씩이라구요? 너무 많은 양 아닌가요?

✎ '한솔 완벽한 연산'은 술술 풀면서 잘 넘어가는 학습지입니다.
공부하는 학생 입장에서는 빡빡한 문제를 4쪽 푸는 것보다 술술 넘어가는 문제를
8쪽 푸는 것이 훨씬 큰 성취감을 느낄 수 있습니다.
'한솔 완벽한 연산'은 학생의 연령을 고려해 쪽당 학습량을 전략적으로 구성했습니
다. 그래서 학생이 부담을 덜 느끼면서 효과적으로 학습할 수 있습니다.

❓ 학교 진도와 맞추려면 어떻게 공부해야 하나요?

✎ 이 책은 한 권을 한 달 동안 푸는 것을 권장합니다.
각 단계별 학교 진도는 다음과 같습니다.

단계	MA	MB	MC	MD	ME	MF
권 수	8권	5권	7권	7권	7권	7권
학교 진도	초등 이전	초등 1학년	초등 2학년	초등 3학년	초등 3학년	초등 4학년

초등학교 1학년이 3월에 MB 단계부터 매달 1권씩 꾸준히 푼다고 한다면 2학년
이 시작될 때 MD 단계를 풀게 되고, 3학년 때 MF 단계(4학년 과정)까지 마무
리할 수 있습니다.

이 책 시리즈로 꼼꼼히 학습하게 되면 일반 방문학습지 못지 않게 충분한 연
산 실력을 쌓게 되고 조금씩 다음 학년 진도까지 학습할 수 있다는 장점이 있
습니다.

매일 꾸준히 성실하게 학습한다면 학년 구분 없이 원하는 진도를 스스로 계획하
고 진행해 나갈 수 있습니다.

❓ '연산 UP'은 어떻게 공부해야 하나요?

✎ '연산 UP'은 4주 동안 훈련한 연산 능력을 확인하는 과정이자 학교에서 흔히
접하는 계산 유형 문제까지 접할 수 있는 코너입니다.
'연산 UP'의 구성은 다음과 같습니다.

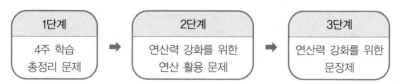

1단계	2단계	3단계
4주 학습 총정리 문제	연산력 강화를 위한 연산 활용 문제	연산력 강화를 위한 문장제

'연산 UP'은 모두 16쪽으로 구성되었으므로 하루 8쪽씩 2일 동안 학습하고, 다
음 단계로 진행할 것을 권장합니다.

MA 6~7세

권	제목	주차별 학습 내용	
1	20까지의 수 1	1주	5까지의 수 (1)
		2주	5까지의 수 (2)
		3주	5까지의 수 (3)
		4주	10까지의 수
2	20까지의 수 2	1주	10까지의 수 (1)
		2주	10까지의 수 (2)
		3주	20까지의 수 (1)
		4주	20까지의 수 (2)
3	20까지의 수 3	1주	20까지의 수 (1)
		2주	20까지의 수 (2)
		3주	20까지의 수 (3)
		4주	20까지의 수 (4)
4	50까지의 수	1주	50까지의 수 (1)
		2주	50까지의 수 (2)
		3주	50까지의 수 (3)
		4주	50까지의 수 (4)
5	1000까지의 수	1주	100까지의 수 (1)
		2주	100까지의 수 (2)
		3주	100까지의 수 (3)
		4주	1000까지의 수
6	수 가르기와 모으기	1주	수 가르기 (1)
		2주	수 가르기 (2)
		3주	수 모으기 (1)
		4주	수 모으기 (2)
7	덧셈의 기초	1주	상황 속 덧셈
		2주	더하기 1
		3주	더하기 2
		4주	더하기 3
8	뺄셈의 기초	1주	상황 속 뺄셈
		2주	빼기 1
		3주	빼기 2
		4주	빼기 3

 MB 초등 1 · 2학년 ①

권	제목	주차별 학습 내용	
1	덧셈 1	1주	받아올림이 없는 (한 자리 수)+(한 자리 수) (1)
		2주	받아올림이 없는 (한 자리 수)+(한 자리 수) (2)
		3주	받아올림이 없는 (한 자리 수)+(한 자리 수) (3)
		4주	받아올림이 없는 (두 자리 수)+(한 자리 수)
2	덧셈 2	1주	받아올림이 없는 (두 자리 수)+(한 자리 수)
		2주	받아올림이 있는 (한 자리 수)+(한 자리 수) (1)
		3주	받아올림이 있는 (한 자리 수)+(한 자리 수) (2)
		4주	받아올림이 있는 (한 자리 수)+(한 자리 수) (3)
3	뺄셈 1	1주	(한 자리 수)−(한 자리 수) (1)
		2주	(한 자리 수)−(한 자리 수) (2)
		3주	(한 자리 수)−(한 자리 수) (3)
		4주	받아내림이 없는 (두 자리 수)−(한 자리 수)
4	뺄셈 2	1주	받아내림이 없는 (두 자리 수)−(한 자리 수)
		2주	받아내림이 있는 (두 자리 수)−(한 자리 수) (1)
		3주	받아내림이 있는 (두 자리 수)−(한 자리 수) (2)
		4주	받아내림이 있는 (두 자리 수)−(한 자리 수) (3)
5	덧셈과 뺄셈의 완성	1주	(한 자리 수)+(한 자리 수), (한 자리 수)−(한 자리 수)
		2주	세 수의 덧셈, 세 수의 뺄셈 (1)
		3주	(한 자리 수)+(한 자리 수), (한 자리 수)−(한 자리 수)
		4주	세 수의 덧셈, 세 수의 뺄셈 (2)

MC 초등 1 · 2학년 ②

권	제목		주차별 학습 내용
1	두 자리 수의 덧셈 1	1주	받아올림이 없는 (두 자리 수)+(한 자리 수)
		2주	몇십 만들기
		3주	받아올림이 있는 (두 자리 수)+(한 자리 수) (1)
		4주	받아올림이 있는 (두 자리 수)+(한 자리 수) (2)
2	두 자리 수의 덧셈 2	1주	받아올림이 없는 (두 자리 수)+(두 자리 수) (1)
		2주	받아올림이 없는 (두 자리 수)+(두 자리 수) (2)
		3주	받아올림이 없는 (두 자리 수)+(두 자리 수) (3)
		4주	받아올림이 없는 (두 자리 수)+(두 자리 수) (4)
3	두 자리 수의 덧셈 3	1주	받아올림이 있는 (두 자리 수)+(두 자리 수) (1)
		2주	받아올림이 있는 (두 자리 수)+(두 자리 수) (2)
		3주	받아올림이 있는 (두 자리 수)+(두 자리 수) (3)
		4주	받아올림이 있는 (두 자리 수)+(두 자리 수) (4)
4	두 자리 수의 뺄셈 1	1주	받아내림이 없는 (두 자리 수)-(한 자리 수)
		2주	몇십에서 빼기
		3주	받아내림이 있는 (두 자리 수)-(한 자리 수) (1)
		4주	받아내림이 있는 (두 자리 수)-(한 자리 수) (2)
5	두 자리 수의 뺄셈 2	1주	받아내림이 없는 (두 자리 수)-(두 자리 수) (1)
		2주	받아내림이 없는 (두 자리 수)-(두 자리 수) (2)
		3주	받아내림이 없는 (두 자리 수)-(두 자리 수) (3)
		4주	받아내림이 없는 (두 자리 수)-(두 자리 수) (4)
6	두 자리 수의 뺄셈 3	1주	받아내림이 있는 (두 자리 수)-(두 자리 수) (1)
		2주	받아내림이 있는 (두 자리 수)-(두 자리 수) (2)
		3주	받아내림이 있는 (두 자리 수)-(두 자리 수) (3)
		4주	받아내림이 있는 (두 자리 수)-(두 자리 수) (4)
7	덧셈과 뺄셈의 완성	1주	세 수의 덧셈
		2주	세 수의 뺄셈
		3주	(두 자리 수)+(한 자리 수), (두 자리 수)-(한 자리 수) 종합
		4주	(두 자리 수)+(두 자리 수), (두 자리 수)-(두 자리 수) 종합

MD 초등 2 · 3학년 ①

권	제목		주차별 학습 내용
1	두 자리 수의 덧셈	1주	받아올림이 있는 (두 자리 수)+(두 자리 수) (1)
		2주	받아올림이 있는 (두 자리 수)+(두 자리 수) (2)
		3주	받아올림이 있는 (두 자리 수)+(두 자리 수) (3)
		4주	받아올림이 있는 (두 자리 수)+(두 자리 수) (4)
2	세 자리 수의 덧셈 1	1주	받아올림이 없는 (세 자리 수)+(두 자리 수)
		2주	받아올림이 있는 (세 자리 수)+(두 자리 수) (1)
		3주	받아올림이 있는 (세 자리 수)+(두 자리 수) (2)
		4주	받아올림이 있는 (세 자리 수)+(두 자리 수) (3)
3	세 자리 수의 덧셈 2	1주	받아올림이 있는 (세 자리 수)+(세 자리 수) (1)
		2주	받아올림이 있는 (세 자리 수)+(세 자리 수) (2)
		3주	받아올림이 있는 (세 자리 수)+(세 자리 수) (3)
		4주	받아올림이 있는 (세 자리 수)+(세 자리 수) (4)
4	두·세 자리 수의 뺄셈	1주	받아내림이 있는 (두 자리 수)-(두 자리 수) (1)
		2주	받아내림이 있는 (두 자리 수)-(두 자리 수) (2)
		3주	받아내림이 있는 (두 자리 수)-(두 자리 수) (3)
		4주	받아내림이 없는 (세 자리 수)-(두 자리 수)
5	세 자리 수의 뺄셈 1	1주	받아내림이 있는 (세 자리 수)-(두 자리 수) (1)
		2주	받아내림이 있는 (세 자리 수)-(두 자리 수) (2)
		3주	받아내림이 있는 (세 자리 수)-(두 자리 수) (3)
		4주	받아내림이 있는 (세 자리 수)-(두 자리 수) (4)
6	세 자리 수의 뺄셈 2	1주	받아내림이 있는 (세 자리 수)-(세 자리 수) (1)
		2주	받아내림이 있는 (세 자리 수)-(세 자리 수) (2)
		3주	받아내림이 있는 (세 자리 수)-(세 자리 수) (3)
		4주	받아내림이 있는 (세 자리 수)-(세 자리 수) (4)
7	덧셈과 뺄셈의 완성	1주	덧셈의 완성 (1)
		2주	덧셈의 완성 (2)
		3주	뺄셈의 완성 (1)
		4주	뺄셈의 완성 (2)

ME 초등 2·3학년 ②

권	제목	주차별 학습 내용	
1	곱셈구구	1주	곱셈구구 (1)
		2주	곱셈구구 (2)
		3주	곱셈구구 (3)
		4주	곱셈구구 (4)
2	(두 자리 수)×(한 자리 수) 1	1주	곱셈구구 종합
		2주	(두 자리 수)×(한 자리 수) (1)
		3주	(두 자리 수)×(한 자리 수) (2)
		4주	(두 자리 수)×(한 자리 수) (3)
3	(두 자리 수)×(한 자리 수) 2	1주	(두 자리 수)×(한 자리 수) (1)
		2주	(두 자리 수)×(한 자리 수) (2)
		3주	(두 자리 수)×(한 자리 수) (3)
		4주	(두 자리 수)×(한 자리 수) (4)
4	(세 자리 수)×(한 자리 수)	1주	(세 자리 수)×(한 자리 수) (1)
		2주	(세 자리 수)×(한 자리 수) (2)
		3주	(세 자리 수)×(한 자리 수) (3)
		4주	곱셈 종합
5	(두 자리 수)÷(한 자리 수) 1	1주	나눗셈의 기초 (1)
		2주	나눗셈의 기초 (2)
		3주	나눗셈의 기초 (3)
		4주	(두 자리 수)÷(한 자리 수)
6	(두 자리 수)÷(한 자리 수) 2	1주	(두 자리 수)÷(한 자리 수) (1)
		2주	(두 자리 수)÷(한 자리 수) (2)
		3주	(두 자리 수)÷(한 자리 수) (3)
		4주	(두 자리 수)÷(한 자리 수) (4)
7	(두·세 자리 수)÷(한 자리 수)	1주	(두 자리 수)÷(한 자리 수) (1)
		2주	(두 자리 수)÷(한 자리 수) (2)
		3주	(세 자리 수)÷(한 자리 수) (1)
		4주	(세 자리 수)÷(한 자리 수) (2)

MF 초등 3·4학년

권	제목	주차별 학습 내용	
1	(두 자리 수)×(두 자리 수)	1주	(두 자리 수)×(한 자리 수)
		2주	(두 자리 수)×(두 자리 수) (1)
		3주	(두 자리 수)×(두 자리 수) (2)
		4주	(두 자리 수)×(두 자리 수) (3)
2	(두·세 자리 수)×(두 자리 수)	1주	(두 자리 수)×(두 자리 수)
		2주	(세 자리 수)×(두 자리 수) (1)
		3주	(세 자리 수)×(두 자리 수) (2)
		4주	곱셈의 완성
3	(두 자리 수)÷(두 자리 수)	1주	(두 자리 수)÷(두 자리 수) (1)
		2주	(두 자리 수)÷(두 자리 수) (2)
		3주	(두 자리 수)÷(두 자리 수) (3)
		4주	(두 자리 수)÷(두 자리 수) (4)
4	(세 자리 수)÷(두 자리 수)	1주	(세 자리 수)÷(두 자리 수) (1)
		2주	(세 자리 수)÷(두 자리 수) (2)
		3주	(세 자리 수)÷(두 자리 수) (3)
		4주	나눗셈의 완성
5	혼합 계산	1주	혼합 계산 (1)
		2주	혼합 계산 (2)
		3주	혼합 계산 (3)
		4주	곱셈과 나눗셈, 혼합 계산 총정리
6	분수의 덧셈과 뺄셈	1주	분수의 덧셈 (1)
		2주	분수의 덧셈 (2)
		3주	분수의 뺄셈 (1)
		4주	분수의 뺄셈 (2)
7	소수의 덧셈과 뺄셈	1주	분수의 덧셈과 뺄셈
		2주	소수의 기초, 소수의 덧셈과 뺄셈 (1)
		3주	소수의 덧셈과 뺄셈 (2)
		4주	소수의 덧셈과 뺄셈 (3)

 **주별 학습 내용** | **ME단계 ❹권**

1주	(세 자리 수)×(한 자리 수) (1)	9
2주	(세 자리 수)×(한 자리 수) (2)	51
3주	(세 자리 수)×(한 자리 수) (3)	93
4주	곱셈 종합	135
연산 UP		177
정답		195

(세 자리 수) × (한 자리 수) (1)

1주차

요일	교재 번호	학습한 날짜		확인
1일차(월)	01~08	월	일	
2일차(화)	09~16	월	일	
3일차(수)	17~24	월	일	
4일차(목)	25~32	월	일	
5일차(금)	33~40	월	일	

ME01 (세 자리 수) × (한 자리 수) (1)

● 곱셈을 하시오.

(1)
```
    2 4
×     2
―――――
```

(5)
```
    3 5
×     4
―――――
```

(2)
```
    4 5
×     5
―――――
```

(6)
```
    5 1
×     7
―――――
```

(3)
```
    1 7
×     9
―――――
```

(7)
```
    2 9
×     6
―――――
```

(4)
```
    4 7
×     3
―――――
```

(8)
```
    5 3
×     8
―――――
```

(9)
$$\begin{array}{r} 3\ 8 \\ \times\ \ \ 7 \\ \hline \end{array}$$

(13)
$$\begin{array}{r} 6\ 2 \\ \times\ \ \ 8 \\ \hline \end{array}$$

(10)
$$\begin{array}{r} 5\ 3 \\ \times\ \ \ 9 \\ \hline \end{array}$$

(14)
$$\begin{array}{r} 9\ 4 \\ \times\ \ \ 4 \\ \hline \end{array}$$

(11)
$$\begin{array}{r} 7\ 9 \\ \times\ \ \ 6 \\ \hline \end{array}$$

(15)
$$\begin{array}{r} 6\ 6 \\ \times\ \ \ 9 \\ \hline \end{array}$$

(12)
$$\begin{array}{r} 8\ 5 \\ \times\ \ \ 8 \\ \hline \end{array}$$

(16)
$$\begin{array}{r} 8\ 8 \\ \times\ \ \ 6 \\ \hline \end{array}$$

ME01 (세 자리 수) × (한 자리 수) (1)

● 곱셈을 하시오.

(1)

$$
\begin{array}{r}
1\ 1\ 2 \\
\times\qquad 2 \\
\hline
4 \\
2\ 0 \\
2\ 0\ 0 \\
\hline
2\ 2\ 4
\end{array}
$$

··· 2×2
··· 10×2
···100×2

(3)

$$
\begin{array}{r}
2\ 1\ 3 \\
\times\qquad 2 \\
\hline
\\
\\
\\
\hline
\end{array}
$$

··· $3 \times \square$
··· $10 \times \square$
··· $200 \times \square$

(2)

$$
\begin{array}{r}
1\ 2\ 4 \\
\times\qquad 2 \\
\hline
\\
\\
\\
\hline
\end{array}
$$

··· 4×2
··· 20×2
···100×2

(4)

$$
\begin{array}{r}
2\ 2\ 9 \\
\times\qquad 2 \\
\hline
\\
\\
\\
\hline
\end{array}
$$

··· $9 \times \square$
··· $20 \times \square$
··· $200 \times \square$

(5)
$$\begin{array}{r} 3\,4\,2 \\ \times\quad\ \ 3 \\ \hline \end{array}$$

(8)
$$\begin{array}{r} 1\,4\,9 \\ \times\quad\ \ 4 \\ \hline \end{array}$$

(6)
$$\begin{array}{r} 3\,4\,8 \\ \times\quad\ \ 2 \\ \hline \end{array}$$

(9)
$$\begin{array}{r} 4\,3\,1 \\ \times\quad\ \ 3 \\ \hline \end{array}$$

(7)
$$\begin{array}{r} 5\,1\,2 \\ \times\quad\ \ 2 \\ \hline \end{array}$$

(10)
$$\begin{array}{r} 2\,4\,6 \\ \times\quad\ \ 2 \\ \hline \end{array}$$

ME01 (세 자리 수) × (한 자리 수) (1)

● |보기|와 같이 곱셈을 하시오.

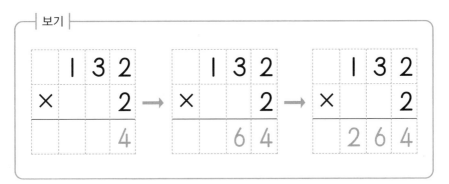

| 보기 |

		1	3	2
	×			2
				4

→

		1	3	2
	×			2
			6	4

→

		1	3	2
	×			2
		2	6	4

(1)

	2	0	0
×			2

(3)

	2	4	1
×			2

(2)

	2	2	0
×			3

(4)

	3	2	1
×			2

(5)

```
    3 1 2
  ×     4
  ───────
```

(9)

```
    4 0 3
  ×     3
  ───────
```

(6)

```
    4 2 1
  ×     4
  ───────
```

(10)

```
    5 1 0
  ×     3
  ───────
```

(7)

```
    3 1 1
  ×     5
  ───────
```

(11)

```
    4 0 2
  ×     4
  ───────
```

(8)

```
    5 2 2
  ×     4
  ───────
```

(12)

```
    6 1 3
  ×     3
  ───────
```

ME01 (세 자리 수) × (한 자리 수) (1)

● |보기|와 같이 곱셈을 하시오.

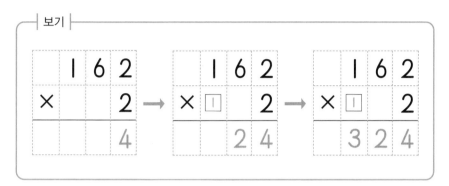

(1)
```
    1 5 3
×  [1]  2
```

(3)
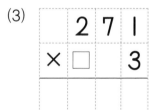

(2)
```
    3 7 2
×  [ ]  2
```

(4)
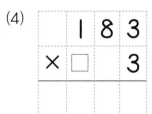

(5)
```
    3 5 1
×   □   2
─────────
```

(9)
```
    4 6 1
×   □   2
─────────
```

(6)
```
    4 7 2
×   □   2
─────────
```

(10)
```
    3 7 2
×   □   3
─────────
```

(7)
```
    3 6 2
×   □   2
─────────
```

(11)
```
    4 7 3
×   □   2
─────────
```

(8)
```
    3 8 1
×   □   2
─────────
```

(12)
```
    4 8 2
×   □   3
─────────
```

ME01 (세 자리 수) × (한 자리 수) (1)

● 곱셈을 하시오.

(1)
```
   1 1 4
 ×     2
```

(5)
```
   4 1 3
 ×     2
```

(2)
```
   1 3 2
 ×     3
```

(6)
```
   5 2 1
 ×     3
```

(3)
```
   3 0 4
 ×     2
```

(7)
```
   6 2 3
 ×     3
```

(4)
```
   4 2 3
 ×     3
```

(8)
```
   7 1 0
 ×     4
```

(9)
```
    6 3 0
  ×     2
  ───────
```

(13)
```
    5 1 1
  ×     4
  ───────
```

(10)
```
    8 3 1
  ×     3
  ───────
```

(14)
```
    4 6 2
  × □   2
  ───────
```

(11)
```
    3 4 1
  × □   3
  ───────
```

(15)
```
    3 5 1
  × □   3
  ───────
```

(12)
```
    2 5 2
  × □   3
  ───────
```

(16)
```
    1 6 3
  × □   3
  ───────
```

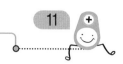

ME01 (세 자리 수) × (한 자리 수) (1)

● |보기|와 같이 곱셈을 하시오.

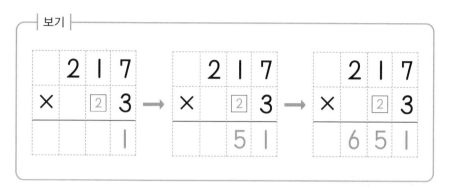

(1)

$$
\begin{array}{r}
1\ 2\ 5 \\
\times\ \boxed{1}\ 2 \\
\hline
\end{array}
$$

(3)

$$
\begin{array}{r}
2\ 2\ 6 \\
\times\ \square\ 2 \\
\hline
\end{array}
$$

(2)

$$
\begin{array}{r}
2\ 4\ 8 \\
\times\ \square\ 2 \\
\hline
\end{array}
$$

(4)

$$
\begin{array}{r}
1\ 2\ 7 \\
\times\ \square\ 3 \\
\hline
\end{array}
$$

(5)

```
    3 2 5
×     □ 3
```

(9)

```
    2 1 3
×     □ 4
```

(6)

```
    3 0 8
×     □ 3
```

(10)

```
    4 2 9
×     □ 2
```

(7)

```
    4 3 5
×     □ 2
```

(11)

```
    3 3 8
×     □ 2
```

(8)

```
    6 1 6
×     □ 3
```

(12)

```
    8 2 7
×     □ 3
```

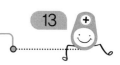

ME01 (세 자리 수) × (한 자리 수) (1)

● |보기|와 같이 곱셈을 하시오.

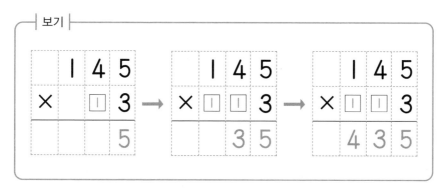

(1)
```
    2 5 6
×   ① ① 2
─────────
```

(3)
```
    1 6 3
×   □ □ 4
─────────
```

(2)
```
    2 4 6
×   □ □ 3
─────────
```

(4)
```
    2 4 5
×   □ □ 6
─────────
```

(5)
```
    4 9 8
×   □ □ 2
─────────
```

(9)
```
    2 6 3
×   □ □ 4
─────────
```

(6)
```
    3 5 6
×   □ □ 4
─────────
```

(10)
```
    5 9 8
×   □ □ 3
─────────
```

(7)
```
    4 5 3
×   □ □ 4
─────────
```

(11)
```
    7 6 8
×   □ □ 2
─────────
```

(8)
```
    5 5 7
×   □ □ 3
─────────
```

(12)
```
    8 7 4
×   □ □ 4
─────────
```

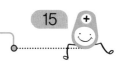

ME01 (세 자리 수) × (한 자리 수) (1)

● 곱셈을 하시오.

(1)

	2	6	5
×	□	□	3

(5)

	2	3	6
×	□	□	4

(2)

	1	7	6
×	□	□	3

(6)

	1	9	8
×	□	□	3

(3)

	4	5	9
×	□	□	2

(7)

	3	6	7
×	□	□	2

(4)

	5	4	7
×	□	□	3

(8)

	4	8	6
×	□	□	3

(9)

$$\begin{array}{r} 1\ 7\ 9 \\ \times\ \square\ \square\ 2 \\ \hline \end{array}$$

(13)

$$\begin{array}{r} 1\ 3\ 7 \\ \times\ \square\ \square\ 7 \\ \hline \end{array}$$

(10)

$$\begin{array}{r} 3\ 6\ 4 \\ \times\ \square\ \square\ 4 \\ \hline \end{array}$$

(14)

$$\begin{array}{r} 3\ 5\ 7 \\ \times\ \square\ \square\ 3 \\ \hline \end{array}$$

(11)

$$\begin{array}{r} 6\ 2\ 8 \\ \times\ \square\ \square\ 6 \\ \hline \end{array}$$

(15)

$$\begin{array}{r} 5\ 3\ 5 \\ \times\ \square\ \square\ 4 \\ \hline \end{array}$$

(12)

$$\begin{array}{r} 4\ 9\ 8 \\ \times\ \square\ \square\ 5 \\ \hline \end{array}$$

(16)

$$\begin{array}{r} 9\ 5\ 6 \\ \times\ \square\ \square\ 4 \\ \hline \end{array}$$

ME01 (세 자리 수) × (한 자리 수) (1)

● 곱셈을 하시오.

(1)
```
    1 2 1
  ×     4
  -------
```

(5)
```
    3 2 0
  ×     2
  -------
```

(2)
```
    4 7 1
  × □   2
  -------
```

(6)
```
    2 8 2
  × □   4
  -------
```

(3)
```
    3 2 8
  ×   □ 3
  -------
```

(7)
```
    4 0 8
  ×   □ 2
  -------
```

(4)
```
    2 8 7
  × □ □ 3
  -------
```

(8)
```
    9 6 2
  × □   4
  -------
```

(9)
```
    1 9 7
×  □ □ 3
─────────
```

(13)
```
    2 8 7
×  □ □ 2
─────────
```

(10)
```
    2 4 5
×  □ □ 5
─────────
```

(14)
```
    4 5 6
×  □ □ 2
─────────
```

(11)
```
    1 2 8
×    □ 3
─────────
```

(15)
```
    3 8 7
×  □ □ 4
─────────
```

(12)
```
    7 0 6
×    □ 9
─────────
```

(16)
```
    7 2 8
×    □ 3
─────────
```

ME01 (세 자리 수) × (한 자리 수) (1)

● 곱셈을 하시오.

(1)
```
    1 0 2
  ×     3
─────────
```

(5)
```
    1 0 2
  ×     4
─────────
```

(2)
```
    2 3 3
  ×     2
─────────
```

(6)
```
    3 1 2
  ×     3
─────────
```

(3)
```
    1 3 1
  ×     3
─────────
```

(7)
```
    2 2 1
  ×     4
─────────
```

(4)
```
    2 0 4
  ×     2
─────────
```

(8)
```
    3 2 3
  ×     2
─────────
```

(9)
$$\begin{array}{r} 2\ 0\ 2 \\ \times\qquad 3 \\ \hline \end{array}$$

(13)
$$\begin{array}{r} 1\ 1\ 1 \\ \times\qquad 9 \\ \hline \end{array}$$

(10)
$$\begin{array}{r} 2\ 1\ 0 \\ \times\qquad 4 \\ \hline \end{array}$$

(14)
$$\begin{array}{r} 5\ 2\ 3 \\ \times\qquad 2 \\ \hline \end{array}$$

(11)
$$\begin{array}{r} 3\ 4\ 2 \\ \times\qquad 2 \\ \hline \end{array}$$

(15)
$$\begin{array}{r} 7\ 2\ 3 \\ \times\qquad 3 \\ \hline \end{array}$$

(12)
$$\begin{array}{r} 4\ 1\ 0 \\ \times\qquad 4 \\ \hline \end{array}$$

(16)
$$\begin{array}{r} 6\ 4\ 3 \\ \times\qquad 2 \\ \hline \end{array}$$

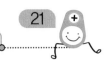

ME01 (세 자리 수) × (한 자리 수) (1)

● 곱셈을 하시오.

(1)
```
    1 6 4
  ×  □ 2
  -------
```

(5)
```
    1 7 2
  ×     3
  -------
```

(2)
```
    3 9 4
  ×     2
  -------
```

(6)
```
    2 8 1
  ×     3
  -------
```

(3)
```
    1 9 1
  ×     4
  -------
```

(7)
```
    2 6 1
  ×     4
  -------
```

(4)
```
    2 6 0
  ×     3
  -------
```

(8)
```
    3 8 2
  ×     2
  -------
```

(9)
$$\begin{array}{r} 2\,5\,0 \\ \times \quad 2 \\ \hline \end{array}$$

(13)
$$\begin{array}{r} 3\,7\,3 \\ \times \quad 2 \\ \hline \end{array}$$

(10)
$$\begin{array}{r} 4\,8\,3 \\ \times \quad 2 \\ \hline \end{array}$$

(14)
$$\begin{array}{r} 3\,6\,0 \\ \times \quad 3 \\ \hline \end{array}$$

(11)
$$\begin{array}{r} 4\,5\,1 \\ \times \quad 2 \\ \hline \end{array}$$

(15)
$$\begin{array}{r} 4\,5\,3 \\ \times \quad 3 \\ \hline \end{array}$$

(12)
$$\begin{array}{r} 5\,6\,1 \\ \times \quad 5 \\ \hline \end{array}$$

(16)
$$\begin{array}{r} 6\,5\,0 \\ \times \quad 6 \\ \hline \end{array}$$

ME01 (세 자리 수) × (한 자리 수) (1)

● 곱셈을 하시오.

(1)
```
    1 2 9
  ×   □ 3
```

(5)
```
    2 0 6
  ×     4
```

(2)
```
    1 0 8
  ×     4
```

(6)
```
    3 1 5
  ×     3
```

(3)
```
    2 2 9
  ×     3
```

(7)
```
    1 2 9
  ×     2
```

(4)
```
    3 2 7
  ×     3
```

(8)
```
    2 3 8
  ×     2
```

(9)
$$\begin{array}{r} 2\ 2\ 5 \\ \times\quad 2 \\ \hline \end{array}$$

(13)
$$\begin{array}{r} 2\ 3\ 6 \\ \times\quad 2 \\ \hline \end{array}$$

(10)
$$\begin{array}{r} 4\ 0\ 7 \\ \times\quad 2 \\ \hline \end{array}$$

(14)
$$\begin{array}{r} 4\ 1\ 9 \\ \times\quad 5 \\ \hline \end{array}$$

(11)
$$\begin{array}{r} 4\ 2\ 7 \\ \times\quad 3 \\ \hline \end{array}$$

(15)
$$\begin{array}{r} 8\ 0\ 8 \\ \times\quad 8 \\ \hline \end{array}$$

(12)
$$\begin{array}{r} 3\ 1\ 9 \\ \times\quad 2 \\ \hline \end{array}$$

(16)
$$\begin{array}{r} 4\ 1\ 6 \\ \times\quad 6 \\ \hline \end{array}$$

ME01 (세 자리 수) × (한 자리 수) (1)

● 곱셈을 하시오.

(1)
```
    1 0 3
  ×     3
  _____
```

(5)
```
    1 9 3
  ×     2
  _____
```

(2)
```
    2 2 6
  ×     3
  _____
```

(6)
```
    1 9 3
  ×     3
  _____
```

(3)
```
    3 8 0
  ×     4
  _____
```

(7)
```
    3 7 0
  ×     3
  _____
```

(4)
```
    3 1 8
  ×     4
  _____
```

(8)
```
    3 0 9
  ×     5
  _____
```

(9)
$$\begin{array}{r} 2\,3\,0 \\ \times \qquad 3 \\ \hline \end{array}$$

(13)
$$\begin{array}{r} 4\,1\,8 \\ \times \qquad 4 \\ \hline \end{array}$$

(10)
$$\begin{array}{r} 3\,0\,6 \\ \times \qquad 3 \\ \hline \end{array}$$

(14)
$$\begin{array}{r} 3\,0\,1 \\ \times \qquad 2 \\ \hline \end{array}$$

(11)
$$\begin{array}{r} 5\,3\,7 \\ \times \qquad 2 \\ \hline \end{array}$$

(15)
$$\begin{array}{r} 2\,9\,4 \\ \times \qquad 2 \\ \hline \end{array}$$

(12)
$$\begin{array}{r} 4\,9\,1 \\ \times \qquad 5 \\ \hline \end{array}$$

(16)
$$\begin{array}{r} 8\,1\,5 \\ \times \qquad 6 \\ \hline \end{array}$$

ME01 (세 자리 수) × (한 자리 수) (1)

● 곱셈을 하시오.

(1)
```
     1 7 7
  × □ □ 3
```

(5)
```
     3 8 6
  ×     2
```

(2)
```
     2 8 9
  ×     3
```

(6)
```
     1 9 8
  ×     5
```

(3)
```
     2 8 3
  ×     6
```

(7)
```
     2 9 5
  ×     4
```

(4)
```
     1 8 6
  ×     4
```

(8)
```
     3 6 2
  ×     5
```

(9)
$$357 \times 4$$

(13)
$$354 \times 7$$

(10)
$$453 \times 6$$

(14)
$$354 \times 8$$

(11)
$$426 \times 4$$

(15)
$$537 \times 3$$

(12)
$$338 \times 5$$

(16)
$$829 \times 5$$

ME01 (세 자리 수) × (한 자리 수) (1)

● 곱셈을 하시오.

(1)
```
    1 0 4
  ×     2
```

(5)
```
    2 1 2
  ×     4
```

(2)
```
    1 4 0
  ×     6
```

(6)
```
    1 1 2
  ×     6
```

(3)
```
    1 3 9
  ×     4
```

(7)
```
    2 5 5
  ×     3
```

(4)
```
    1 3 7
  ×     2
```

(8)
```
    1 4 4
  ×     6
```

(9)
$$\begin{array}{r} 2\ 1\ 6 \\ \times \quad 2 \\ \hline \end{array}$$

(13)
$$\begin{array}{r} 1\ 7\ 1 \\ \times \quad 5 \\ \hline \end{array}$$

(10)
$$\begin{array}{r} 2\ 3\ 5 \\ \times \quad 7 \\ \hline \end{array}$$

(14)
$$\begin{array}{r} 1\ 8\ 7 \\ \times \quad 5 \\ \hline \end{array}$$

(11)
$$\begin{array}{r} 2\ 6\ 1 \\ \times \quad 3 \\ \hline \end{array}$$

(15)
$$\begin{array}{r} 2\ 7\ 8 \\ \times \quad 2 \\ \hline \end{array}$$

(12)
$$\begin{array}{r} 2\ 6\ 9 \\ \times \quad 5 \\ \hline \end{array}$$

(16)
$$\begin{array}{r} 2\ 5\ 3 \\ \times \quad 6 \\ \hline \end{array}$$

ME01 (세 자리 수) × (한 자리 수) (1)

● 곱셈을 하시오.

(1)
$$\begin{array}{r} 1\,1\,3 \\ \times\quad\ 2 \\ \hline \end{array}$$

(5)
$$\begin{array}{r} 2\,1\,7 \\ \times\quad\ 2 \\ \hline \end{array}$$

(2)
$$\begin{array}{r} 1\,3\,8 \\ \times\quad\ 2 \\ \hline \end{array}$$

(6)
$$\begin{array}{r} 2\,2\,1 \\ \times\quad\ 3 \\ \hline \end{array}$$

(3)
$$\begin{array}{r} 2\,8\,4 \\ \times\quad\ 2 \\ \hline \end{array}$$

(7)
$$\begin{array}{r} 1\,8\,1 \\ \times\quad\ 3 \\ \hline \end{array}$$

(4)
$$\begin{array}{r} 1\,7\,5 \\ \times\quad\ 5 \\ \hline \end{array}$$

(8)
$$\begin{array}{r} 2\,6\,4 \\ \times\quad\ 4 \\ \hline \end{array}$$

(9)
$$\begin{array}{r} 2\,2\,5 \\ \times \quad\quad 3 \\ \hline \end{array}$$

(13)
$$\begin{array}{r} 1\,3\,9 \\ \times \quad\quad 5 \\ \hline \end{array}$$

(10)
$$\begin{array}{r} 2\,2\,5 \\ \times \quad\quad 4 \\ \hline \end{array}$$

(14)
$$\begin{array}{r} 1\,7\,2 \\ \times \quad\quad 4 \\ \hline \end{array}$$

(11)
$$\begin{array}{r} 2\,2\,5 \\ \times \quad\quad 5 \\ \hline \end{array}$$

(15)
$$\begin{array}{r} 2\,8\,5 \\ \times \quad\quad 3 \\ \hline \end{array}$$

(12)
$$\begin{array}{r} 1\,9\,4 \\ \times \quad\quad 3 \\ \hline \end{array}$$

(16)
$$\begin{array}{r} 2\,9\,3 \\ \times \quad\quad 6 \\ \hline \end{array}$$

ME01 (세 자리 수) × (한 자리 수) (1)

● 곱셈을 하시오.

(1)
$$\begin{array}{r} 136 \\ \times 4 \\ \hline \end{array}$$

(5)
$$\begin{array}{r} 119 \\ \times 3 \\ \hline \end{array}$$

(2)
$$\begin{array}{r} 123 \\ \times 2 \\ \hline \end{array}$$

(6)
$$\begin{array}{r} 207 \\ \times 4 \\ \hline \end{array}$$

(3)
$$\begin{array}{r} 206 \\ \times 3 \\ \hline \end{array}$$

(7)
$$\begin{array}{r} 145 \\ \times 4 \\ \hline \end{array}$$

(4)
$$\begin{array}{r} 239 \\ \times 4 \\ \hline \end{array}$$

(8)
$$\begin{array}{r} 243 \\ \times 8 \\ \hline \end{array}$$

(9)
```
  1 6 5
×     4
───────
```

(13)
```
  2 9 1
×     3
───────
```

(10)
```
  2 6 9
×     3
───────
```

(14)
```
  1 3 8
×     3
───────
```

(11)
```
  2 7 9
×     3
───────
```

(15)
```
  2 9 0
×     6
───────
```

(12)
```
  2 5 1
×     5
───────
```

(16)
```
  2 3 6
×     5
───────
```

ME01 (세 자리 수) × (한 자리 수) (1)

● 곱셈을 하시오.

(1)
$$\begin{array}{r} 1\ 2\ 0 \\ \times \quad\quad 4 \\ \hline \end{array}$$

(5)
$$\begin{array}{r} 3\ 1\ 8 \\ \times \quad\quad 3 \\ \hline \end{array}$$

(2)
$$\begin{array}{r} 3\ 3\ 2 \\ \times \quad\quad 3 \\ \hline \end{array}$$

(6)
$$\begin{array}{r} 2\ 1\ 5 \\ \times \quad\quad 4 \\ \hline \end{array}$$

(3)
$$\begin{array}{r} 3\ 3\ 2 \\ \times \quad\quad 4 \\ \hline \end{array}$$

(7)
$$\begin{array}{r} 2\ 9\ 8 \\ \times \quad\quad 7 \\ \hline \end{array}$$

(4)
$$\begin{array}{r} 2\ 4\ 1 \\ \times \quad\quad 4 \\ \hline \end{array}$$

(8)
$$\begin{array}{r} 3\ 4\ 4 \\ \times \quad\quad 3 \\ \hline \end{array}$$

(9)
$$\begin{array}{r} 254 \\ \times \quad 4 \\ \hline \end{array}$$

(13)
$$\begin{array}{r} 224 \\ \times \quad 8 \\ \hline \end{array}$$

(10)
$$\begin{array}{r} 326 \\ \times \quad 3 \\ \hline \end{array}$$

(14)
$$\begin{array}{r} 352 \\ \times \quad 7 \\ \hline \end{array}$$

(11)
$$\begin{array}{r} 249 \\ \times \quad 4 \\ \hline \end{array}$$

(15)
$$\begin{array}{r} 341 \\ \times \quad 7 \\ \hline \end{array}$$

(12)
$$\begin{array}{r} 244 \\ \times \quad 6 \\ \hline \end{array}$$

(16)
$$\begin{array}{r} 345 \\ \times \quad 3 \\ \hline \end{array}$$

ME01 (세 자리 수) × (한 자리 수) (1)

● 곱셈을 하시오.

(1)
```
  2 4 2
×     2
───────
```

(5)
```
  3 2 2
×     2
───────
```

(2)
```
  2 1 8
×     5
───────
```

(6)
```
  3 5 5
×     2
───────
```

(3)
```
  3 6 1
×     2
───────
```

(7)
```
  2 8 2
×     3
───────
```

(4)
```
  2 9 7
×     3
───────
```

(8)
```
  3 8 9
×     4
───────
```

(9)
$$243 \times 3$$

(13)
$$249 \times 2$$

(10)
$$253 \times 8$$

(14)
$$346 \times 4$$

(11)
$$372 \times 8$$

(15)
$$368 \times 2$$

(12)
$$285 \times 4$$

(16)
$$254 \times 7$$

ME01 (세 자리 수) × (한 자리 수) (1)

● 곱셈을 하시오.

(1)
```
   3 3 4
×      2
───────
```

(5)
```
   3 3 5
×      2
───────
```

(2)
```
   2 5 3
×      3
───────
```

(6)
```
   2 3 2
×      2
───────
```

(3)
```
   2 5 6
×      3
───────
```

(7)
```
   3 4 7
×      3
───────
```

(4)
```
   3 8 8
×      3
───────
```

(8)
```
   2 2 7
×      2
───────
```

(9)
```
   2 3 5
×      3
───────
```

(13)
```
   3 8 7
×      5
───────
```

(10)
```
   3 7 1
×      4
───────
```

(14)
```
   2 8 1
×      2
───────
```

(11)
```
   2 9 2
×      7
───────
```

(15)
```
   3 1 9
×      3
───────
```

(12)
```
   2 7 6
×      3
───────
```

(16)
```
   3 9 3
×      7
───────
```

(세 자리 수)×(한 자리 수) (2)

2주차

요일	교재 번호	학습한 날짜		확인
1일차(월)	01~08	월	일	
2일차(화)	09~16	월	일	
3일차(수)	17~24	월	일	
4일차(목)	25~32	월	일	
5일차(금)	33~40	월	일	

● 곱셈을 하시오.

(1)
```
    2 0 5
  ×     3
  _____
```

(5)
```
    3 1 3
  ×     2
  _____
```

(2)
```
    3 5 2
  ×     2
  _____
```

(6)
```
    3 0 5
  ×     3
  _____
```

(3)
```
    2 4 3
  ×     2
  _____
```

(7)
```
    2 7 1
  ×     5
  _____
```

(4)
```
    2 3 7
  ×     4
  _____
```

(8)
```
    3 3 7
  ×     4
  _____
```

(9)
$$\begin{array}{r} 224 \\ \times \quad 3 \\ \hline \end{array}$$

(13)
$$\begin{array}{r} 386 \\ \times \quad 4 \\ \hline \end{array}$$

(10)
$$\begin{array}{r} 252 \\ \times \quad 7 \\ \hline \end{array}$$

(14)
$$\begin{array}{r} 354 \\ \times \quad 3 \\ \hline \end{array}$$

(11)
$$\begin{array}{r} 364 \\ \times \quad 5 \\ \hline \end{array}$$

(15)
$$\begin{array}{r} 273 \\ \times \quad 6 \\ \hline \end{array}$$

(12)
$$\begin{array}{r} 280 \\ \times \quad 4 \\ \hline \end{array}$$

(16)
$$\begin{array}{r} 374 \\ \times \quad 8 \\ \hline \end{array}$$

ME02 (세 자리 수) × (한 자리 수) (2)

● 곱셈을 하시오.

(1)
```
    3 0 2
  ×     2
  ───────
```

(5)
```
    4 7 0
  ×     2
  ───────
```

(2)
```
    4 1 2
  ×     3
  ───────
```

(6)
```
    3 2 8
  ×     2
  ───────
```

(3)
```
    3 2 4
  ×     6
  ───────
```

(7)
```
    4 2 4
  ×     6
  ───────
```

(4)
```
    4 3 0
  ×     5
  ───────
```

(8)
```
    3 4 5
  ×     4
  ───────
```

(9)
```
  3 3 4
×     3
───────
```

(13)
```
  3 7 7
×     4
───────
```

(10)
```
  4 3 6
×     7
───────
```

(14)
```
  4 0 6
×     5
───────
```

(11)
```
  3 2 4
×     3
───────
```

(15)
```
  3 4 5
×     8
───────
```

(12)
```
  4 6 9
×     5
───────
```

(16)
```
  4 5 8
×     4
───────
```

ME02 (세 자리 수) × (한 자리 수) (2)

● 곱셈을 하시오.

(1)
```
    3 2 0
  ×     4
  _____
```

(5)
```
    3 0 9
  ×     6
  _____
```

(2)
```
    3 3 6
  ×     4
  _____
```

(6)
```
    4 1 1
  ×     9
  _____
```

(3)
```
    4 0 3
  ×     7
  _____
```

(7)
```
    4 6 1
  ×     4
  _____
```

(4)
```
    4 3 3
  ×     5
  _____
```

(8)
```
    4 6 3
  ×     3
  _____
```

(9)
$$\begin{array}{r} 3\ 1\ 9 \\ \times \qquad 4 \\ \hline \end{array}$$

(13)
$$\begin{array}{r} 4\ 3\ 9 \\ \times \qquad 3 \\ \hline \end{array}$$

(10)
$$\begin{array}{r} 4\ 5\ 7 \\ \times \qquad 2 \\ \hline \end{array}$$

(14)
$$\begin{array}{r} 3\ 4\ 7 \\ \times \qquad 5 \\ \hline \end{array}$$

(11)
$$\begin{array}{r} 3\ 6\ 6 \\ \times \qquad 7 \\ \hline \end{array}$$

(15)
$$\begin{array}{r} 3\ 5\ 5 \\ \times \qquad 3 \\ \hline \end{array}$$

(12)
$$\begin{array}{r} 4\ 5\ 6 \\ \times \qquad 4 \\ \hline \end{array}$$

(16)
$$\begin{array}{r} 4\ 2\ 8 \\ \times \qquad 6 \\ \hline \end{array}$$

ME02 (세 자리 수) × (한 자리 수) (2)

● 곱셈을 하시오.

(1)
```
    4 0 2
  ×     5
```

(5)
```
    3 0 7
  ×     9
```

(2)
```
    3 2 1
  ×     5
```

(6)
```
    4 2 5
  ×     4
```

(3)
```
    4 3 4
  ×     6
```

(7)
```
    3 1 4
  ×     6
```

(4)
```
    3 4 8
  ×     8
```

(8)
```
    4 4 5
  ×     7
```

(9)
$$\begin{array}{r} 4\,2\,8 \\ \times \quad 5 \\ \hline \end{array}$$

(13)
$$\begin{array}{r} 3\,6\,1 \\ \times \quad 7 \\ \hline \end{array}$$

(10)
$$\begin{array}{r} 3\,6\,5 \\ \times \quad 6 \\ \hline \end{array}$$

(14)
$$\begin{array}{r} 3\,5\,6 \\ \times \quad 8 \\ \hline \end{array}$$

(11)
$$\begin{array}{r} 3\,5\,5 \\ \times \quad 8 \\ \hline \end{array}$$

(15)
$$\begin{array}{r} 4\,9\,6 \\ \times \quad 5 \\ \hline \end{array}$$

(12)
$$\begin{array}{r} 4\,9\,3 \\ \times \quad 4 \\ \hline \end{array}$$

(16)
$$\begin{array}{r} 3\,8\,5 \\ \times \quad 4 \\ \hline \end{array}$$

ME02 (세 자리 수) × (한 자리 수) (2)

● 곱셈을 하시오.

(1)
```
    3 0 4
  ×     5
```

(5)
```
    3 2 6
  ×     5
```

(2)
```
    4 3 8
  ×     3
```

(6)
```
    4 1 8
  ×     5
```

(3)
```
    3 1 1
  ×     6
```

(7)
```
    4 1 2
  ×     4
```

(4)
```
    4 4 3
  ×     3
```

(8)
```
    3 3 8
  ×     7
```

(9)
$$\begin{array}{r} 3\,5\,5 \\ \times \quad 6 \\ \hline \end{array}$$

(13)
$$\begin{array}{r} 4\,7\,2 \\ \times \quad 3 \\ \hline \end{array}$$

(10)
$$\begin{array}{r} 4\,2\,7 \\ \times \quad 5 \\ \hline \end{array}$$

(14)
$$\begin{array}{r} 4\,6\,9 \\ \times \quad 7 \\ \hline \end{array}$$

(11)
$$\begin{array}{r} 3\,4\,9 \\ \times \quad 3 \\ \hline \end{array}$$

(15)
$$\begin{array}{r} 3\,6\,5 \\ \times \quad 4 \\ \hline \end{array}$$

(12)
$$\begin{array}{r} 3\,7\,8 \\ \times \quad 5 \\ \hline \end{array}$$

(16)
$$\begin{array}{r} 4\,9\,6 \\ \times \quad 5 \\ \hline \end{array}$$

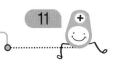

ME02 (세 자리 수) × (한 자리 수) (2)

● 곱셈을 하시오.

(1)
```
    4 0 3
  ×     2
  _____
```

(5)
```
    5 0 3
  ×     2
  _____
```

(2)
```
    4 1 9
  ×     3
  _____
```

(6)
```
    5 2 5
  ×     4
  _____
```

(3)
```
    5 6 3
  ×     3
  _____
```

(7)
```
    4 3 0
  ×     4
  _____
```

(4)
```
    5 1 8
  ×     3
  _____
```

(8)
```
    4 2 3
  ×     4
  _____
```

(9)
$$
\begin{array}{r}
4\ 4\ 5 \\
\times\qquad 4 \\
\hline
\end{array}
$$

(13)
$$
\begin{array}{r}
5\ 4\ 3 \\
\times\qquad 4 \\
\hline
\end{array}
$$

(10)
$$
\begin{array}{r}
5\ 2\ 9 \\
\times\qquad 5 \\
\hline
\end{array}
$$

(14)
$$
\begin{array}{r}
4\ 6\ 3 \\
\times\qquad 4 \\
\hline
\end{array}
$$

(11)
$$
\begin{array}{r}
4\ 2\ 9 \\
\times\qquad 6 \\
\hline
\end{array}
$$

(15)
$$
\begin{array}{r}
5\ 7\ 6 \\
\times\qquad 3 \\
\hline
\end{array}
$$

(12)
$$
\begin{array}{r}
4\ 7\ 8 \\
\times\qquad 5 \\
\hline
\end{array}
$$

(16)
$$
\begin{array}{r}
5\ 1\ 9 \\
\times\qquad 7 \\
\hline
\end{array}
$$

ME02 (세 자리 수) × (한 자리 수) (2)

● 곱셈을 하시오.

(1)
```
    4 1 5
  ×     6
```

(5)
```
    5 2 4
  ×     2
```

(2)
```
    4 2 2
  ×     3
```

(6)
```
    5 0 9
  ×     4
```

(3)
```
    5 1 6
  ×     4
```

(7)
```
    4 5 7
  ×     4
```

(4)
```
    5 3 5
  ×     3
```

(8)
```
    5 4 0
  ×     3
```

(9)
```
    4 3 7
  ×     4
```

(13)
```
    5 4 8
  ×     5
```

(10)
```
    4 5 3
  ×     5
```

(14)
```
    5 3 6
  ×     7
```

(11)
```
    4 7 6
  ×     6
```

(15)
```
    5 7 6
  ×     6
```

(12)
```
    5 8 2
  ×     3
```

(16)
```
    4 6 4
  ×     4
```

ME02 (세 자리 수) × (한 자리 수) (2)

● 곱셈을 하시오.

(1)
```
    5 0 7
  ×     6
  -------
```

(5)
```
    5 1 3
  ×     3
  -------
```

(2)
```
    5 3 3
  ×     4
  -------
```

(6)
```
    4 3 1
  ×     2
  -------
```

(3)
```
    4 2 6
  ×     5
  -------
```

(7)
```
    4 1 7
  ×     4
  -------
```

(4)
```
    4 5 4
  ×     6
  -------
```

(8)
```
    5 2 1
  ×     5
  -------
```

(9)
$$\begin{array}{r} 5\ 6\ 8 \\ \times\quad\ 4 \\ \hline \end{array}$$

(13)
$$\begin{array}{r} 4\ 1\ 8 \\ \times\quad\ 6 \\ \hline \end{array}$$

(10)
$$\begin{array}{r} 5\ 5\ 6 \\ \times\quad\ 3 \\ \hline \end{array}$$

(14)
$$\begin{array}{r} 4\ 6\ 0 \\ \times\quad\ 5 \\ \hline \end{array}$$

(11)
$$\begin{array}{r} 5\ 9\ 2 \\ \times\quad\ 6 \\ \hline \end{array}$$

(15)
$$\begin{array}{r} 4\ 6\ 5 \\ \times\quad\ 7 \\ \hline \end{array}$$

(12)
$$\begin{array}{r} 4\ 8\ 4 \\ \times\quad\ 8 \\ \hline \end{array}$$

(16)
$$\begin{array}{r} 5\ 6\ 5 \\ \times\quad\ 7 \\ \hline \end{array}$$

ME02 (세 자리 수) × (한 자리 수) (2)

● 곱셈을 하시오.

(1)
```
   2 1 0
 ×     2
```

(5)
```
   4 2 0
 ×     2
```

(2)
```
   1 1 5
 ×     6
```

(6)
```
   5 3 6
 ×     6
```

(3)
```
   1 6 4
 ×     4
```

(7)
```
   3 2 7
 ×     5
```

(4)
```
   3 0 5
 ×     7
```

(8)
```
   6 7 1
 ×     2
```

(9)
$$\begin{array}{r} 298 \\ \times \quad 3 \\ \hline \end{array}$$

(13)
$$\begin{array}{r} 354 \\ \times \quad 2 \\ \hline \end{array}$$

(10)
$$\begin{array}{r} 421 \\ \times \quad 8 \\ \hline \end{array}$$

(14)
$$\begin{array}{r} 734 \\ \times \quad 4 \\ \hline \end{array}$$

(11)
$$\begin{array}{r} 635 \\ \times \quad 4 \\ \hline \end{array}$$

(15)
$$\begin{array}{r} 856 \\ \times \quad 2 \\ \hline \end{array}$$

(12)
$$\begin{array}{r} 518 \\ \times \quad 4 \\ \hline \end{array}$$

(16)
$$\begin{array}{r} 759 \\ \times \quad 3 \\ \hline \end{array}$$

ME02 (세 자리 수) × (한 자리 수) (2)

● 곱셈을 하시오.

(1)
```
   1 4 3
 ×     4
```

(5)
```
   2 9 8
 ×     5
```

(2)
```
   2 5 8
 ×     2
```

(6)
```
   3 0 8
 ×     5
```

(3)
```
   4 5 3
 ×     2
```

(7)
```
   3 5 8
 ×     3
```

(4)
```
   5 2 1
 ×     2
```

(8)
```
   7 1 4
 ×     3
```

(9)
$$\begin{array}{r} 571 \\ \times\quad 8 \\ \hline \end{array}$$

(13)
$$\begin{array}{r} 364 \\ \times\quad 6 \\ \hline \end{array}$$

(10)
$$\begin{array}{r} 632 \\ \times\quad 5 \\ \hline \end{array}$$

(14)
$$\begin{array}{r} 912 \\ \times\quad 7 \\ \hline \end{array}$$

(11)
$$\begin{array}{r} 2212 \\ \times\quad 3 \\ \hline \end{array}$$

(15)
$$\begin{array}{r} 3203 \\ \times\quad 2 \\ \hline \end{array}$$

(12) $111 \times 3 =$

(16) $203 \times 2 =$

ME02 (세 자리 수) × (한 자리 수) (2)

● 곱셈을 하시오.

(1)
$$\begin{array}{r} 4\,2\,5 \\ \times \quad\ \ 2 \\ \hline \end{array}$$

(5)
$$\begin{array}{r} 2\,4\,1 \\ \times \quad\ \ 6 \\ \hline \end{array}$$

(2)
$$\begin{array}{r} 3\,3\,1 \\ \times \quad\ \ 6 \\ \hline \end{array}$$

(6)
$$\begin{array}{r} 4\,8\,2 \\ \times \quad\ \ 4 \\ \hline \end{array}$$

(3)
$$\begin{array}{r} 2\,8\,4 \\ \times \quad\ \ 5 \\ \hline \end{array}$$

(7)
$$\begin{array}{r} 6\,5\,4 \\ \times \quad\ \ 4 \\ \hline \end{array}$$

(4)
$$\begin{array}{r} 2\,8\,4 \\ \times \quad\ \ 7 \\ \hline \end{array}$$

(8)
$$\begin{array}{r} 1\,9\,2 \\ \times \quad\ \ 8 \\ \hline \end{array}$$

(9)
```
   3 2 8
×      5
———————
```

(13)
```
   4 8 3
×      6
———————
```

(10)
```
   8 0 4
×      8
———————
```

(14)
```
   9 3 4
×      4
———————
```

(11)
```
   3 2 1 3
×        3
—————————
```

(15)
```
   4 1 3 2
×        2
—————————
```

(12) 2 1 4 × 2 =

(16) 3 2 1 × 3 =

ME02 (세 자리 수) × (한 자리 수) (2)

● 곱셈을 하시오.

(1)
```
    1 8 1
  ×     2
  -------
```

(5)
```
    1 0 8
  ×     3
  -------
```

(2)
```
    3 8 1
  ×     3
  -------
```

(6)
```
    3 8 1
  ×     7
  -------
```

(3)
```
    1 9 6
  ×     4
  -------
```

(7)
```
    3 3 2
  ×     6
  -------
```

(4)
```
    5 8 4
  ×     5
  -------
```

(8)
```
    7 7 5
  ×     4
  -------
```

(9)
$$\begin{array}{r} 3\ 8\ 3 \\ \times\quad\ \ 5 \\ \hline \end{array}$$

(13)
$$\begin{array}{r} 2\ 2\ 7 \\ \times\quad\ \ 4 \\ \hline \end{array}$$

(10)
$$\begin{array}{r} 5\ 5\ 9 \\ \times\quad\ \ 6 \\ \hline \end{array}$$

(14)
$$\begin{array}{r} 4\ 8\ 7 \\ \times\quad\ \ 8 \\ \hline \end{array}$$

(11)
$$\begin{array}{r} 1\ 3\ 1\ 5 \\ \times\quad\ \ \ \ 2 \\ \hline \end{array}$$

(15)
$$\begin{array}{r} 2\ 1\ 6\ 3 \\ \times\quad\ \ \ \ 3 \\ \hline \end{array}$$

(12) $120 \times 4 =$

(16) $210 \times 5 =$

ME02 (세 자리 수) × (한 자리 수) (2)

● 곱셈을 하시오.

(1)
```
    1 2 2
  ×     8
  ───────
```

(5)
```
    2 1 3
  ×     6
  ───────
```

(2)
```
    3 7 1
  ×     3
  ───────
```

(6)
```
    2 6 7
  ×     7
  ───────
```

(3)
```
    5 1 5
  ×     4
  ───────
```

(7)
```
    4 7 1
  ×     5
  ───────
```

(4)
```
    4 8 5
  ×     6
  ───────
```

(8)
```
    8 8 7
  ×     4
  ───────
```

(9)
$$
\begin{array}{r}
2\ 7\ 3 \\
\times\qquad 5 \\
\hline
\end{array}
$$

(13)
$$
\begin{array}{r}
6\ 3\ 5 \\
\times\qquad 7 \\
\hline
\end{array}
$$

(10)
$$
\begin{array}{r}
5\ 3\ 5 \\
\times\qquad 7 \\
\hline
\end{array}
$$

(14)
$$
\begin{array}{r}
7\ 2\ 7 \\
\times\qquad 4 \\
\hline
\end{array}
$$

(11)
$$
\begin{array}{r}
2\ 3\ 1\ 2 \\
\times\qquad 3 \\
\hline
\end{array}
$$

(15)
$$
\begin{array}{r}
4\ 2\ 3\ 0 \\
\times\qquad 2 \\
\hline
\end{array}
$$

(12) $343 \times 2 =$

(16) $430 \times 2 =$

ME02 (세 자리 수) × (한 자리 수) (2)

● 곱셈을 하시오.

(1)
```
   2 1 9
 ×     4
```

(5)
```
   2 6 9
 ×     4
```

(2)
```
   4 6 7
 ×     2
```

(6)
```
   3 2 9
 ×     5
```

(3)
```
   5 3 0
 ×     6
```

(7)
```
   5 3 0
 ×     8
```

(4)
```
   5 8 3
 ×     6
```

(8)
```
   8 2 6
 ×     7
```

(9)
$$\begin{array}{r} 3\,7\,5 \\ \times\quad 6 \\ \hline \end{array}$$

(13)
$$\begin{array}{r} 4\,5\,2 \\ \times\quad 9 \\ \hline \end{array}$$

(10)
$$\begin{array}{r} 7\,6\,7 \\ \times\quad 5 \\ \hline \end{array}$$

(14)
$$\begin{array}{r} 9\,1\,6 \\ \times\quad 7 \\ \hline \end{array}$$

(11)
$$\begin{array}{r} 2\,5\,1\,1 \\ \times\quad 3 \\ \hline \end{array}$$

(15)
$$\begin{array}{r} 3\,6\,1\,2 \\ \times\quad 2 \\ \hline \end{array}$$

(12) $402 \times 3 =$

(16) $504 \times 2 =$

ME02 (세 자리 수) × (한 자리 수) (2)

● 곱셈을 하시오.

(1)
$$\begin{array}{r} 3\,1\,7 \\ \times\quad 3 \\ \hline \end{array}$$

(5)
$$\begin{array}{r} 2\,1\,6 \\ \times\quad 4 \\ \hline \end{array}$$

(2)
$$\begin{array}{r} 1\,6\,1 \\ \times\quad 6 \\ \hline \end{array}$$

(6)
$$\begin{array}{r} 2\,6\,1 \\ \times\quad 7 \\ \hline \end{array}$$

(3)
$$\begin{array}{r} 5\,4\,6 \\ \times\quad 6 \\ \hline \end{array}$$

(7)
$$\begin{array}{r} 4\,9\,3 \\ \times\quad 8 \\ \hline \end{array}$$

(4)
$$\begin{array}{r} 5\,3\,7 \\ \times\quad 7 \\ \hline \end{array}$$

(8)
$$\begin{array}{r} 6\,3\,7 \\ \times\quad 7 \\ \hline \end{array}$$

(9)
$$\begin{array}{r} 1\,8\,7 \\ \times \quad 3 \\ \hline \end{array}$$

(13)
$$\begin{array}{r} 5\,9\,4 \\ \times \quad 6 \\ \hline \end{array}$$

(10)
$$\begin{array}{r} 2\,9\,4 \\ \times \quad 7 \\ \hline \end{array}$$

(14)
$$\begin{array}{r} 7\,4\,6 \\ \times \quad 8 \\ \hline \end{array}$$

(11)
$$\begin{array}{r} 3\,0\,7\,2 \\ \times \quad 3 \\ \hline \end{array}$$

(15)
$$\begin{array}{r} 4\,1\,8\,1 \\ \times \quad 2 \\ \hline \end{array}$$

(12) $602 \times 3 =$

(16) $712 \times 3 =$

ME02 (세 자리 수) × (한 자리 수) (2)

● 곱셈을 하시오.

(1)
$$\begin{array}{r} 2\ 2\ 7 \\ \times\quad 3 \\ \hline \end{array}$$

(5)
$$\begin{array}{r} 1\ 3\ 6 \\ \times\quad 7 \\ \hline \end{array}$$

(2)
$$\begin{array}{r} 3\ 6\ 2 \\ \times\quad 4 \\ \hline \end{array}$$

(6)
$$\begin{array}{r} 2\ 9\ 2 \\ \times\quad 6 \\ \hline \end{array}$$

(3)
$$\begin{array}{r} 5\ 6\ 4 \\ \times\quad 6 \\ \hline \end{array}$$

(7)
$$\begin{array}{r} 5\ 8\ 1 \\ \times\quad 8 \\ \hline \end{array}$$

(4)
$$\begin{array}{r} 5\ 6\ 4 \\ \times\quad 5 \\ \hline \end{array}$$

(8)
$$\begin{array}{r} 7\ 3\ 5 \\ \times\quad 7 \\ \hline \end{array}$$

(9)
$$\begin{array}{r} 2\,5\,5 \\ \times \quad 9 \\ \hline \end{array}$$

(13)
$$\begin{array}{r} 8\,3\,6 \\ \times \quad 8 \\ \hline \end{array}$$

(10)
$$\begin{array}{r} 5\,1\,9 \\ \times \quad 6 \\ \hline \end{array}$$

(14)
$$\begin{array}{r} 9\,2\,5 \\ \times \quad 6 \\ \hline \end{array}$$

(11)
$$\begin{array}{r} 3\,4\,3\,0 \\ \times \quad 2 \\ \hline \end{array}$$

(15)
$$\begin{array}{r} 1\,6\,3\,4 \\ \times \quad 2 \\ \hline \end{array}$$

(12) $811 \times 3 =$

(16) $520 \times 4 =$

ME02 (세 자리 수) × (한 자리 수) (2)

● 곱셈을 하시오.

(1)
```
      1 5 1
  ×       6
  ─────────
```

(5)
```
      1 9 5
  ×       5
  ─────────
```

(2)
```
      3 8 5
  ×       5
  ─────────
```

(6)
```
      2 1 5
  ×       7
  ─────────
```

(3)
```
      4 7 3
  ×       6
  ─────────
```

(7)
```
      4 5 1
  ×       4
  ─────────
```

(4)
```
      5 1 5
  ×       2
  ─────────
```

(8)
```
      7 3 4
  ×       8
  ─────────
```

(9)
$$\begin{array}{r} 2\ 6\ 7 \\ \times\qquad 4 \\ \hline \end{array}$$

(13)
$$\begin{array}{r} 2\ 8\ 3 \\ \times\qquad 7 \\ \hline \end{array}$$

(10)
$$\begin{array}{r} 3\ 5\ 2 \\ \times\qquad 8 \\ \hline \end{array}$$

(14)
$$\begin{array}{r} 5\ 2\ 8 \\ \times\qquad 6 \\ \hline \end{array}$$

(11)
$$\begin{array}{r} 1\ 2\ 3\ 4 \\ \times\qquad 2 \\ \hline \end{array}$$

(15)
$$\begin{array}{r} 2\ 3\ 2\ 2 \\ \times\qquad 3 \\ \hline \end{array}$$

(12) $422 \times 2 =$

(16) $801 \times 4 =$

ME02 (세 자리 수) × (한 자리 수) (2)

● 곱셈을 하시오.

(1)
```
    2 8 8
  ×     3
```

(5)
```
    3 6 7
  ×     5
```

(2)
```
    1 8 3
  ×     4
```

(6)
```
    4 7 9
  ×     5
```

(3)
```
    6 7 0
  ×     6
```

(7)
```
    4 1 5
  ×     6
```

(4)
```
    5 0 9
  ×     8
```

(8)
```
    7 1 7
  ×     8
```

(9)
$$
\begin{array}{r}
534 \\
\times \quad 7 \\
\hline
\end{array}
$$

(13)
$$
\begin{array}{r}
618 \\
\times \quad 8 \\
\hline
\end{array}
$$

(10)
$$
\begin{array}{r}
926 \\
\times \quad 5 \\
\hline
\end{array}
$$

(14)
$$
\begin{array}{r}
457 \\
\times \quad 6 \\
\hline
\end{array}
$$

(11)
$$
\begin{array}{r}
2114 \\
\times \quad 4 \\
\hline
\end{array}
$$

(15)
$$
\begin{array}{r}
3132 \\
\times \quad 3 \\
\hline
\end{array}
$$

(12) $121 \times 3 =$

(16) $311 \times 8 =$

ME02 (세 자리 수) × (한 자리 수) (2)

● 곱셈을 하시오.

(1)
```
    1 3 5
  ×     2
```

(5)
```
    2 5 4
  ×     3
```

(2)
```
    1 7 1
  ×     9
```

(6)
```
    4 7 0
  ×     9
```

(3)
```
    3 5 7
  ×     6
```

(7)
```
    4 4 9
  ×     4
```

(4)
```
    5 4 6
  ×     8
```

(8)
```
    5 4 6
  ×     9
```

(9)
$$358 \times 8$$

(13)
$$508 \times 7$$

(10)
$$964 \times 6$$

(14)
$$743 \times 6$$

(11)
$$3241 \times 3$$

(15)
$$4352 \times 2$$

(12) $410 \times 5 =$

(16) $823 \times 3 =$

ME02 (세 자리 수) × (한 자리 수) (2)

● 곱셈을 하시오.

(1)
$$\begin{array}{r} 2\ 2\ 8 \\ \times\quad\ 2 \\ \hline \end{array}$$

(5)
$$\begin{array}{r} 5\ 4\ 9 \\ \times\quad\ 6 \\ \hline \end{array}$$

(2)
$$\begin{array}{r} 6\ 9\ 2 \\ \times\quad\ 4 \\ \hline \end{array}$$

(6)
$$\begin{array}{r} 3\ 1\ 9 \\ \times\quad\ 5 \\ \hline \end{array}$$

(3)
$$\begin{array}{r} 4\ 8\ 9 \\ \times\quad\ 3 \\ \hline \end{array}$$

(7)
$$\begin{array}{r} 4\ 7\ 2 \\ \times\quad\ 9 \\ \hline \end{array}$$

(4)
$$\begin{array}{r} 4\ 2\ 6 \\ \times\quad\ 8 \\ \hline \end{array}$$

(8)
$$\begin{array}{r} 7\ 2\ 8 \\ \times\quad\ 6 \\ \hline \end{array}$$

(9)
```
  1 8 1
×     9
```

(13)
```
  5 7 2
×     4
```

(10)
```
  9 3 4
×     7
```

(14)
```
  9 3 4
×     8
```

(11)
```
  1 2 6 3
×       3
```

(15)
```
  4 0 8 2
×       2
```

(12) 844 × 2 =

(16) 934 × 2 =

(세 자리 수)×(한 자리 수) (3)

3주차

요일	교재 번호	학습한 날짜		확인
1일차(월)	01~08	월	일	
2일차(화)	09~16	월	일	
3일차(수)	17~24	월	일	
4일차(목)	25~32	월	일	
5일차(금)	33~40	월	일	

ME03 (세 자리 수) × (한 자리 수) (3)

● 곱셈을 하시오.

(1)
```
    1 6 5
  ×     2
  ───────
```

(5)
```
    3 8 4
  ×     3
  ───────
```

(2)
```
    1 3 8
  ×     7
  ───────
```

(6)
```
    3 4 2
  ×     8
  ───────
```

(3)
```
    2 2 9
  ×     4
  ───────
```

(7)
```
    4 6 2
  ×     5
  ───────
```

(4)
```
    2 9 3
  ×     6
  ───────
```

(8)
```
    4 1 6
  ×     9
  ───────
```

(9)
$$\begin{array}{r} 2\,7\,6 \\ \times\quad 6 \\ \hline \end{array}$$

(13)
$$\begin{array}{r} 4\,4\,7 \\ \times\quad 3 \\ \hline \end{array}$$

(10)
$$\begin{array}{r} 2\,3\,8 \\ \times\quad 2 \\ \hline \end{array}$$

(14)
$$\begin{array}{r} 4\,1\,6 \\ \times\quad 8 \\ \hline \end{array}$$

(11)
$$\begin{array}{r} 3\,2\,9 \\ \times\quad 4 \\ \hline \end{array}$$

(15)
$$\begin{array}{r} 5\,6\,8 \\ \times\quad 5 \\ \hline \end{array}$$

(12)
$$\begin{array}{r} 3\,8\,1 \\ \times\quad 7 \\ \hline \end{array}$$

(16)
$$\begin{array}{r} 5\,0\,4 \\ \times\quad 9 \\ \hline \end{array}$$

ME03 (세 자리 수) × (한 자리 수) (3)

● 곱셈을 하시오.

(1)
```
   2 6 4
 ×     7
───────────
```

(5)
```
   2 9 3
 ×     3
───────────
```

(2)
```
   3 2 6
 ×     6
───────────
```

(6)
```
   5 1 2
 ×     8
───────────
```

(3)
```
   4 5 8
 ×     5
───────────
```

(7)
```
   3 3 5
 ×     2
───────────
```

(4)
```
   5 7 5
 ×     4
───────────
```

(8)
```
   4 1 4
 ×     9
───────────
```

(9)
$$
\begin{array}{r}
3\,2\,8 \\
\times \quad 2 \\
\hline
\end{array}
$$

(13)
$$
\begin{array}{r}
4\,5\,5 \\
\times \quad 6 \\
\hline
\end{array}
$$

(10)
$$
\begin{array}{r}
4\,8\,6 \\
\times \quad 3 \\
\hline
\end{array}
$$

(14)
$$
\begin{array}{r}
3\,9\,2 \\
\times \quad 7 \\
\hline
\end{array}
$$

(11)
$$
\begin{array}{r}
5\,6\,7 \\
\times \quad 4 \\
\hline
\end{array}
$$

(15)
$$
\begin{array}{r}
5\,7\,3 \\
\times \quad 8 \\
\hline
\end{array}
$$

(12)
$$
\begin{array}{r}
6\,4\,9 \\
\times \quad 5 \\
\hline
\end{array}
$$

(16)
$$
\begin{array}{r}
6\,3\,4 \\
\times \quad 9 \\
\hline
\end{array}
$$

ME03 (세 자리 수) × (한 자리 수) (3)

● 곱셈을 하시오.

(1)
```
    3 5 9
  ×     2
  ───────
```

(5)
```
    4 4 2
  ×     8
  ───────
```

(2)
```
    4 6 8
  ×     5
  ───────
```

(6)
```
    3 3 3
  ×     9
  ───────
```

(3)
```
    6 8 7
  ×     3
  ───────
```

(7)
```
    5 2 4
  ×     6
  ───────
```

(4)
```
    5 7 6
  ×     4
  ───────
```

(8)
```
    6 1 5
  ×     7
  ───────
```

(9)
$$
\begin{array}{r}
4\ 6\ 8 \\
\times\ \ \ \ \ 5 \\
\hline
\end{array}
$$

(13)
$$
\begin{array}{r}
5\ 6\ 1 \\
\times\ \ \ \ \ 9 \\
\hline
\end{array}
$$

(10)
$$
\begin{array}{r}
5\ 2\ 7 \\
\times\ \ \ \ \ 6 \\
\hline
\end{array}
$$

(14)
$$
\begin{array}{r}
4\ 5\ 2 \\
\times\ \ \ \ \ 4 \\
\hline
\end{array}
$$

(11)
$$
\begin{array}{r}
6\ 4\ 6 \\
\times\ \ \ \ \ 7 \\
\hline
\end{array}
$$

(15)
$$
\begin{array}{r}
7\ 8\ 3 \\
\times\ \ \ \ \ 3 \\
\hline
\end{array}
$$

(12)
$$
\begin{array}{r}
7\ 3\ 5 \\
\times\ \ \ \ \ 8 \\
\hline
\end{array}
$$

(16)
$$
\begin{array}{r}
6\ 7\ 4 \\
\times\ \ \ \ \ 2 \\
\hline
\end{array}
$$

ME03 (세 자리 수) × (한 자리 수) (3)

● 곱셈을 하시오.

(1)
```
    4 2 8
  ×     3
  -------
```

(5)
```
    5 8 2
  ×     8
  -------
```

(2)
```
    6 9 2
  ×     5
  -------
```

(6)
```
    6 9 2
  ×     5
  -------
```

(3)
```
    5 5 7
  ×     4
  -------
```

(7)
```
    7 9 3
  ×     6
  -------
```

(4)
```
    3 9 5
  ×     2
  -------
```

(8)
```
    6 1 8
  ×     7
  -------
```

(9)
$$\begin{array}{r} 526 \\ \times \quad 6 \\ \hline \end{array}$$

(13)
$$\begin{array}{r} 581 \\ \times \quad 9 \\ \hline \end{array}$$

(10)
$$\begin{array}{r} 677 \\ \times \quad 5 \\ \hline \end{array}$$

(14)
$$\begin{array}{r} 863 \\ \times \quad 8 \\ \hline \end{array}$$

(11)
$$\begin{array}{r} 752 \\ \times \quad 9 \\ \hline \end{array}$$

(15)
$$\begin{array}{r} 642 \\ \times \quad 7 \\ \hline \end{array}$$

(12)
$$\begin{array}{r} 838 \\ \times \quad 3 \\ \hline \end{array}$$

(16)
$$\begin{array}{r} 724 \\ \times \quad 4 \\ \hline \end{array}$$

ME03 (세 자리 수) × (한 자리 수) (3)

● 곱셈을 하시오.

(1)
```
    5 4 7
  ×     2
```

(5)
```
    6 7 7
  ×     4
```

(2)
```
    6 1 8
  ×     3
```

(6)
```
    7 5 6
  ×     3
```

(3)
```
    7 8 3
  ×     4
```

(7)
```
    8 3 9
  ×     2
```

(4)
```
    8 2 4
  ×     5
```

(8)
```
    5 6 2
  ×     9
```

(9)
```
    6 1 9
  ×     3
```

(13)
```
    7 5 4
  ×     5
```

(10)
```
    7 4 8
  ×     2
```

(14)
```
    6 8 3
  ×     4
```

(11)
```
    8 7 7
  ×     4
```

(15)
```
    8 3 2
  ×     3
```

(12)
```
    9 2 6
  ×     5
```

(16)
```
    9 6 5
  ×     2
```

● 곱셈을 하시오.

(1)
```
   5 2 8
 ×     4
─────────
```

(5)
```
   6 5 9
 ×     4
─────────
```

(2)
```
   7 8 7
 ×     2
─────────
```

(6)
```
   5 7 3
 ×     5
─────────
```

(3)
```
   6 4 6
 ×     3
─────────
```

(7)
```
   8 6 4
 ×     2
─────────
```

(4)
```
   8 1 5
 ×     5
─────────
```

(8)
```
   7 9 1
 ×     3
─────────
```

(9)
$$\begin{array}{r} 674 \\ \times5 \\ \hline \end{array}$$

(13)
$$\begin{array}{r} 789 \\ \times2 \\ \hline \end{array}$$

(10)
$$\begin{array}{r} 865 \\ \times4 \\ \hline \end{array}$$

(14)
$$\begin{array}{r} 618 \\ \times3 \\ \hline \end{array}$$

(11)
$$\begin{array}{r} 756 \\ \times3 \\ \hline \end{array}$$

(15)
$$\begin{array}{r} 923 \\ \times4 \\ \hline \end{array}$$

(12)
$$\begin{array}{r} 947 \\ \times2 \\ \hline \end{array}$$

(16)
$$\begin{array}{r} 872 \\ \times5 \\ \hline \end{array}$$

ME03 (세 자리 수) × (한 자리 수) (3)

● 곱셈을 하시오.

(1)
```
    5 2 7
×       3
```

(5)
```
    6 9 6
×       4
```

(2)
```
    9 0 8
×       2
```

(6)
```
    7 4 5
×       3
```

(3)
```
    8 1 3
×       4
```

(7)
```
    5 6 2
×       5
```

(4)
```
    6 3 4
×       5
```

(8)
```
    8 3 9
×       2
```

(9)
$$
\begin{array}{r}
652 \\
\times 2 \\
\hline
\end{array}
$$

(13)
$$
\begin{array}{r}
789 \\
\times 5 \\
\hline
\end{array}
$$

(10)
$$
\begin{array}{r}
933 \\
\times 3 \\
\hline
\end{array}
$$

(14)
$$
\begin{array}{r}
648 \\
\times 4 \\
\hline
\end{array}
$$

(11)
$$
\begin{array}{r}
714 \\
\times 4 \\
\hline
\end{array}
$$

(15)
$$
\begin{array}{r}
867 \\
\times 3 \\
\hline
\end{array}
$$

(12)
$$
\begin{array}{r}
875 \\
\times 5 \\
\hline
\end{array}
$$

(16)
$$
\begin{array}{r}
926 \\
\times 2 \\
\hline
\end{array}
$$

ME03 (세 자리 수) × (한 자리 수) (3)

● 곱셈을 하시오.

(1)
```
    6 4 7
  ×     2
  ───────
```

(5)
```
    8 6 2
  ×     2
  ───────
```

(2)
```
    8 1 4
  ×     5
  ───────
```

(6)
```
    7 9 6
  ×     3
  ───────
```

(3)
```
    5 2 8
  ×     3
  ───────
```

(7)
```
    6 8 9
  ×     4
  ───────
```

(4)
```
    7 3 5
  ×     4
  ───────
```

(8)
```
    5 7 3
  ×     5
  ───────
```

(9)
$$\begin{array}{r} 7\,5\,5 \\ \times\quad\ \ 2 \\ \hline \end{array}$$

(13)
$$\begin{array}{r} 7\,2\,9 \\ \times\quad\ \ 5 \\ \hline \end{array}$$

(10)
$$\begin{array}{r} 8\,6\,4 \\ \times\quad\ \ 5 \\ \hline \end{array}$$

(14)
$$\begin{array}{r} 8\,9\,1 \\ \times\quad\ \ 3 \\ \hline \end{array}$$

(11)
$$\begin{array}{r} 9\,4\,3 \\ \times\quad\ \ 3 \\ \hline \end{array}$$

(15)
$$\begin{array}{r} 6\,3\,6 \\ \times\quad\ \ 4 \\ \hline \end{array}$$

(12)
$$\begin{array}{r} 6\,7\,2 \\ \times\quad\ \ 4 \\ \hline \end{array}$$

(16)
$$\begin{array}{r} 9\,9\,8 \\ \times\quad\ \ 2 \\ \hline \end{array}$$

ME03 (세 자리 수) × (한 자리 수) (3)

● 곱셈을 하시오.

(1)
$$
\begin{array}{r}
5\ 8\ 4 \\
\times\ \ \ \ \ 6 \\
\hline
\end{array}
$$

(5)
$$
\begin{array}{r}
7\ 0\ 9 \\
\times\ \ \ \ \ 8 \\
\hline
\end{array}
$$

(2)
$$
\begin{array}{r}
6\ 2\ 7 \\
\times\ \ \ \ \ 6 \\
\hline
\end{array}
$$

(6)
$$
\begin{array}{r}
6\ 4\ 2 \\
\times\ \ \ \ \ 8 \\
\hline
\end{array}
$$

(3)
$$
\begin{array}{r}
7\ 9\ 4 \\
\times\ \ \ \ \ 7 \\
\hline
\end{array}
$$

(7)
$$
\begin{array}{r}
5\ 3\ 6 \\
\times\ \ \ \ \ 9 \\
\hline
\end{array}
$$

(4)
$$
\begin{array}{r}
8\ 1\ 8 \\
\times\ \ \ \ \ 7 \\
\hline
\end{array}
$$

(8)
$$
\begin{array}{r}
8\ 7\ 2 \\
\times\ \ \ \ \ 9 \\
\hline
\end{array}
$$

(9)
$$
\begin{array}{r}
7\ 1\ 9 \\
\times\qquad 6 \\
\hline
\end{array}
$$

(13)
$$
\begin{array}{r}
8\ 0\ 5 \\
\times\qquad 8 \\
\hline
\end{array}
$$

(10)
$$
\begin{array}{r}
8\ 4\ 3 \\
\times\qquad 6 \\
\hline
\end{array}
$$

(14)
$$
\begin{array}{r}
5\ 7\ 6 \\
\times\qquad 8 \\
\hline
\end{array}
$$

(11)
$$
\begin{array}{r}
5\ 2\ 8 \\
\times\qquad 7 \\
\hline
\end{array}
$$

(15)
$$
\begin{array}{r}
6\ 6\ 2 \\
\times\qquad 9 \\
\hline
\end{array}
$$

(12)
$$
\begin{array}{r}
6\ 5\ 3 \\
\times\qquad 7 \\
\hline
\end{array}
$$

(16)
$$
\begin{array}{r}
7\ 3\ 4 \\
\times\qquad 9 \\
\hline
\end{array}
$$

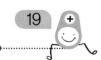

ME03 (세 자리 수) × (한 자리 수) (3)

● 곱셈을 하시오.

(1)
```
    5 2 7
  ×     6
  ───────
```

(5)
```
    7 3 2
  ×     7
  ───────
```

(2)
```
    6 8 1
  ×     7
  ───────
```

(6)
```
    6 1 9
  ×     8
  ───────
```

(3)
```
    7 4 5
  ×     8
  ───────
```

(7)
```
    9 3 2
  ×     9
  ───────
```

(4)
```
    8 1 6
  ×     9
  ───────
```

(8)
```
    8 9 0
  ×     6
  ───────
```

(9)
```
    5 7 4
  ×     8
  ─────────
```

(13)
```
    7 3 2
  ×     9
  ─────────
```

(10)
```
    6 1 3
  ×     9
  ─────────
```

(14)
```
    9 2 7
  ×     6
  ─────────
```

(11)
```
    7 5 5
  ×     6
  ─────────
```

(15)
```
    6 5 4
  ×     7
  ─────────
```

(12)
```
    9 6 2
  ×     7
  ─────────
```

(16)
```
    8 1 6
  ×     8
  ─────────
```

ME03 (세 자리 수) × (한 자리 수) (3)

● 곱셈을 하시오.

(1)
```
    6 0 7
  ×     6
```

(5)
```
    7 6 2
  ×     7
```

(2)
```
    7 2 5
  ×     8
```

(6)
```
    8 3 9
  ×     6
```

(3)
```
    8 7 5
  ×     7
```

(7)
```
    6 4 3
  ×     9
```

(4)
```
    9 4 0
  ×     9
```

(8)
```
    9 2 2
  ×     8
```

(9)
$$\begin{array}{r} 692 \\ \times \quad 8 \\ \hline \end{array}$$

(13)
$$\begin{array}{r} 991 \\ \times \quad 9 \\ \hline \end{array}$$

(10)
$$\begin{array}{r} 599 \\ \times \quad 6 \\ \hline \end{array}$$

(14)
$$\begin{array}{r} 762 \\ \times \quad 7 \\ \hline \end{array}$$

(11)
$$\begin{array}{r} 850 \\ \times \quad 9 \\ \hline \end{array}$$

(15)
$$\begin{array}{r} 826 \\ \times \quad 6 \\ \hline \end{array}$$

(12)
$$\begin{array}{r} 915 \\ \times \quad 7 \\ \hline \end{array}$$

(16)
$$\begin{array}{r} 674 \\ \times \quad 8 \\ \hline \end{array}$$

ME03 (세 자리 수) × (한 자리 수) (3)

● 곱셈을 하시오.

(1)
```
    6 1 9
  ×     6
  ───────
```

(5)
```
    6 7 0
  ×     9
  ───────
```

(2)
```
    8 6 3
  ×     7
  ───────
```

(6)
```
    5 3 4
  ×     8
  ───────
```

(3)
```
    5 4 1
  ×     9
  ───────
```

(7)
```
    7 2 8
  ×     7
  ───────
```

(4)
```
    9 2 5
  ×     8
  ───────
```

(8)
```
    9 8 5
  ×     6
  ───────
```

(9)
$$\begin{array}{r} 6\ 2\ 8 \\ \times\quad 7 \\ \hline \end{array}$$

(13)
$$\begin{array}{r} 6\ 9\ 2 \\ \times\quad 6 \\ \hline \end{array}$$

(10)
$$\begin{array}{r} 7\ 6\ 5 \\ \times\quad 6 \\ \hline \end{array}$$

(14)
$$\begin{array}{r} 7\ 4\ 9 \\ \times\quad 9 \\ \hline \end{array}$$

(11)
$$\begin{array}{r} 8\ 3\ 2 \\ \times\quad 9 \\ \hline \end{array}$$

(15)
$$\begin{array}{r} 8\ 5\ 4 \\ \times\quad 8 \\ \hline \end{array}$$

(12)
$$\begin{array}{r} 9\ 1\ 6 \\ \times\quad 8 \\ \hline \end{array}$$

(16)
$$\begin{array}{r} 9\ 4\ 3 \\ \times\quad 7 \\ \hline \end{array}$$

ME03 (세 자리 수) × (한 자리 수) (3)

● 곱셈을 하시오.

(1)
$$\begin{array}{r} 285 \\ \times\ \ \ \ 2 \\ \hline \end{array}$$

(5)
$$\begin{array}{r} 357 \\ \times\ \ \ \ 4 \\ \hline \end{array}$$

(2)
$$\begin{array}{r} 194 \\ \times\ \ \ \ 3 \\ \hline \end{array}$$

(6)
$$\begin{array}{r} 722 \\ \times\ \ \ \ 5 \\ \hline \end{array}$$

(3)
$$\begin{array}{r} 678 \\ \times\ \ \ \ 4 \\ \hline \end{array}$$

(7)
$$\begin{array}{r} 535 \\ \times\ \ \ \ 2 \\ \hline \end{array}$$

(4)
$$\begin{array}{r} 463 \\ \times\ \ \ \ 5 \\ \hline \end{array}$$

(8)
$$\begin{array}{r} 846 \\ \times\ \ \ \ 3 \\ \hline \end{array}$$

(9)
$$\begin{array}{r} 5\ 2\ 8 \\ \times\qquad 3 \\ \hline \end{array}$$

(13)
$$\begin{array}{r} 4\ 6\ 5 \\ \times\qquad 4 \\ \hline \end{array}$$

(10)
$$\begin{array}{r} 2\ 8\ 6 \\ \times\qquad 4 \\ \hline \end{array}$$

(14)
$$\begin{array}{r} 6\ 1\ 7 \\ \times\qquad 5 \\ \hline \end{array}$$

(11)
$$\begin{array}{r} 3\ 4\ 9 \\ \times\qquad 5 \\ \hline \end{array}$$

(15)
$$\begin{array}{r} 8\ 9\ 0 \\ \times\qquad 2 \\ \hline \end{array}$$

(12)
$$\begin{array}{r} 7\ 3\ 4 \\ \times\qquad 2 \\ \hline \end{array}$$

(16)
$$\begin{array}{r} 9\ 5\ 2 \\ \times\qquad 3 \\ \hline \end{array}$$

ME03 (세 자리 수) × (한 자리 수) (3)

● 곱셈을 하시오.

(1)
```
    2 8 4
  ×     5
  -------
```

(5)
```
    7 3 9
  ×     2
  -------
```

(2)
```
    3 1 6
  ×     2
  -------
```

(6)
```
    4 5 7
  ×     3
  -------
```

(3)
```
    6 7 1
  ×     3
  -------
```

(7)
```
    9 0 5
  ×     4
  -------
```

(4)
```
    5 4 8
  ×     4
  -------
```

(8)
```
    8 2 3
  ×     5
  -------
```

(9)
$$
\begin{array}{r}
3\,9\,7 \\
\times \quad 3 \\
\hline
\end{array}
$$

(13)
$$
\begin{array}{r}
6\,8\,2 \\
\times \quad 2 \\
\hline
\end{array}
$$

(10)
$$
\begin{array}{r}
7\,2\,8 \\
\times \quad 2 \\
\hline
\end{array}
$$

(14)
$$
\begin{array}{r}
2\,7\,6 \\
\times \quad 5 \\
\hline
\end{array}
$$

(11)
$$
\begin{array}{r}
5\,6\,4 \\
\times \quad 5 \\
\hline
\end{array}
$$

(15)
$$
\begin{array}{r}
4\,3\,3 \\
\times \quad 4 \\
\hline
\end{array}
$$

(12)
$$
\begin{array}{r}
8\,4\,5 \\
\times \quad 4 \\
\hline
\end{array}
$$

(16)
$$
\begin{array}{r}
9\,5\,2 \\
\times \quad 3 \\
\hline
\end{array}
$$

ME03 (세 자리 수) × (한 자리 수) (3)

● 곱셈을 하시오.

(1)
```
  1 7 4
×     6
───────
```

(5)
```
  8 4 2
×     7
───────
```

(2)
```
  2 8 9
×     7
───────
```

(6)
```
  7 5 6
×     8
───────
```

(3)
```
  3 2 5
×     8
───────
```

(7)
```
  6 0 3
×     9
───────
```

(4)
```
  4 1 6
×     9
───────
```

(8)
```
  5 3 2
×     6
───────
```

(9)
$$\begin{array}{r} 286 \\ \times\ \ \ \ 8 \\ \hline \end{array}$$

(13)
$$\begin{array}{r} 644 \\ \times\ \ \ \ 9 \\ \hline \end{array}$$

(10)
$$\begin{array}{r} 316 \\ \times\ \ \ \ 9 \\ \hline \end{array}$$

(14)
$$\begin{array}{r} 761 \\ \times\ \ \ \ 6 \\ \hline \end{array}$$

(11)
$$\begin{array}{r} 495 \\ \times\ \ \ \ 6 \\ \hline \end{array}$$

(15)
$$\begin{array}{r} 854 \\ \times\ \ \ \ 7 \\ \hline \end{array}$$

(12)
$$\begin{array}{r} 507 \\ \times\ \ \ \ 7 \\ \hline \end{array}$$

(16)
$$\begin{array}{r} 962 \\ \times\ \ \ \ 8 \\ \hline \end{array}$$

ME03 (세 자리 수) × (한 자리 수) (3)

● 곱셈을 하시오.

(1)
```
  2 2 5
×     6
```

(5)
```
  5 7 1
×     7
```

(2)
```
  1 6 8
×     8
```

(6)
```
  6 3 7
×     9
```

(3)
```
  4 1 9
×     7
```

(7)
```
  7 2 3
×     8
```

(4)
```
  3 5 4
×     9
```

(8)
```
  8 0 2
×     6
```

(9)
$$
\begin{array}{r}
6\ 7\ 2 \\
\times\quad 8 \\
\hline
\end{array}
$$

(13)
$$
\begin{array}{r}
4\ 1\ 8 \\
\times\quad 9 \\
\hline
\end{array}
$$

(10)
$$
\begin{array}{r}
7\ 0\ 3 \\
\times\quad 6 \\
\hline
\end{array}
$$

(14)
$$
\begin{array}{r}
5\ 3\ 6 \\
\times\quad 7 \\
\hline
\end{array}
$$

(11)
$$
\begin{array}{r}
2\ 5\ 4 \\
\times\quad 7 \\
\hline
\end{array}
$$

(15)
$$
\begin{array}{r}
8\ 1\ 4 \\
\times\quad 8 \\
\hline
\end{array}
$$

(12)
$$
\begin{array}{r}
3\ 6\ 5 \\
\times\quad 9 \\
\hline
\end{array}
$$

(16)
$$
\begin{array}{r}
9\ 4\ 9 \\
\times\quad 6 \\
\hline
\end{array}
$$

ME03 (세 자리 수) × (한 자리 수) (3)

● 곱셈을 하시오.

(1)
```
    1 7 5
  ×     2
```

(5)
```
    1 3 5
  ×     8
```

(2)
```
    3 2 5
  ×     4
```

(6)
```
    4 2 5
  ×     2
```

(3)
```
    2 1 4
  ×     5
```

(7)
```
    1 4 5
  ×     4
```

(4)
```
    1 9 5
  ×     6
```

(8)
```
    4 1 6
  ×     5
```

(9)
$$
\begin{array}{r}
3\ 1\ 5 \\
\times\quad 6 \\
\hline
\end{array}
$$

(13)
$$
\begin{array}{r}
7\ 1\ 5 \\
\times\quad 4 \\
\hline
\end{array}
$$

(10)
$$
\begin{array}{r}
4\ 1\ 5 \\
\times\quad 8 \\
\hline
\end{array}
$$

(14)
$$
\begin{array}{r}
9\ 1\ 4 \\
\times\quad 5 \\
\hline
\end{array}
$$

(11)
$$
\begin{array}{r}
1\ 4\ 6 \\
\times\quad 5 \\
\hline
\end{array}
$$

(15)
$$
\begin{array}{r}
5\ 2\ 5 \\
\times\quad 6 \\
\hline
\end{array}
$$

(12)
$$
\begin{array}{r}
2\ 4\ 5 \\
\times\quad 2 \\
\hline
\end{array}
$$

(16)
$$
\begin{array}{r}
6\ 2\ 5 \\
\times\quad 8 \\
\hline
\end{array}
$$

ME03 (세 자리 수) × (한 자리 수) (3)

● 곱셈을 하시오.

(1)
$$\begin{array}{r} 2\ 2\ 5 \\ \times\quad\ 2 \\ \hline \end{array}$$

(5)
$$\begin{array}{r} 3\ 2\ 5 \\ \times\quad\ 8 \\ \hline \end{array}$$

(2)
$$\begin{array}{r} 1\ 2\ 5 \\ \times\quad\ 4 \\ \hline \end{array}$$

(6)
$$\begin{array}{r} 7\ 4\ 5 \\ \times\quad\ 2 \\ \hline \end{array}$$

(3)
$$\begin{array}{r} 3\ 6\ 4 \\ \times\quad\ 5 \\ \hline \end{array}$$

(7)
$$\begin{array}{r} 3\ 1\ 5 \\ \times\quad\ 4 \\ \hline \end{array}$$

(4)
$$\begin{array}{r} 4\ 2\ 5 \\ \times\quad\ 6 \\ \hline \end{array}$$

(8)
$$\begin{array}{r} 1\ 4\ 8 \\ \times\quad\ 5 \\ \hline \end{array}$$

(9)
$$\begin{array}{r} 175 \\ \times \quad 6 \\ \hline \end{array}$$

(13)
$$\begin{array}{r} 625 \\ \times \quad 4 \\ \hline \end{array}$$

(10)
$$\begin{array}{r} 225 \\ \times \quad 8 \\ \hline \end{array}$$

(14)
$$\begin{array}{r} 824 \\ \times \quad 5 \\ \hline \end{array}$$

(11)
$$\begin{array}{r} 416 \\ \times \quad 5 \\ \hline \end{array}$$

(15)
$$\begin{array}{r} 215 \\ \times \quad 6 \\ \hline \end{array}$$

(12)
$$\begin{array}{r} 575 \\ \times \quad 2 \\ \hline \end{array}$$

(16)
$$\begin{array}{r} 335 \\ \times \quad 8 \\ \hline \end{array}$$

ME03 (세 자리 수) × (한 자리 수) (3)

● 곱셈을 하시오.

(1)
```
    1 7 8
  ×     2
  -------
```

(5)
```
    2 4 8
  ×     3
  -------
```

(2)
```
    3 7 5
  ×     4
  -------
```

(6)
```
    4 8 6
  ×     5
  -------
```

(3)
```
    5 2 8
  ×     6
  -------
```

(7)
```
    6 3 4
  ×     7
  -------
```

(4)
```
    7 1 7
  ×     8
  -------
```

(8)
```
    8 6 2
  ×     9
  -------
```

(9)
```
  2 8 2
×     7
───────
```

(13)
```
  3 9 5
×     6
───────
```

(10)
```
  6 5 8
×     4
───────
```

(14)
```
  7 4 3
×     9
───────
```

(11)
```
  8 7 4
×     5
───────
```

(15)
```
  5 5 3
×     8
───────
```

(12)
```
  4 6 6
×     3
───────
```

(16)
```
  9 2 7
×     2
───────
```

ME03 (세 자리 수) × (한 자리 수) (3)

● 곱셈을 하시오.

(1)
$$\begin{array}{r} 1\,2\,3 \\ \times\quad 8 \\ \hline \end{array}$$

(5)
$$\begin{array}{r} 9\,8\,7 \\ \times\quad 4 \\ \hline \end{array}$$

(2)
$$\begin{array}{r} 2\,4\,6 \\ \times\quad 5 \\ \hline \end{array}$$

(6)
$$\begin{array}{r} 4\,3\,2 \\ \times\quad 6 \\ \hline \end{array}$$

(3)
$$\begin{array}{r} 3\,6\,9 \\ \times\quad 2 \\ \hline \end{array}$$

(7)
$$\begin{array}{r} 1\,3\,5 \\ \times\quad 7 \\ \hline \end{array}$$

(4)
$$\begin{array}{r} 4\,6\,8 \\ \times\quad 3 \\ \hline \end{array}$$

(8)
$$\begin{array}{r} 2\,2\,2 \\ \times\quad 9 \\ \hline \end{array}$$

(9)
$$\begin{array}{r} 3\ 4\ 5 \\ \times\ \ \ \ \ 3 \\ \hline \end{array}$$

(13)
$$\begin{array}{r} 7\ 8\ 9 \\ \times\ \ \ \ \ 2 \\ \hline \end{array}$$

(10)
$$\begin{array}{r} 7\ 7\ 7 \\ \times\ \ \ \ \ 5 \\ \hline \end{array}$$

(14)
$$\begin{array}{r} 5\ 5\ 5 \\ \times\ \ \ \ \ 4 \\ \hline \end{array}$$

(11)
$$\begin{array}{r} 6\ 5\ 4 \\ \times\ \ \ \ \ 7 \\ \hline \end{array}$$

(15)
$$\begin{array}{r} 3\ 3\ 3 \\ \times\ \ \ \ \ 6 \\ \hline \end{array}$$

(12)
$$\begin{array}{r} 1\ 9\ 9 \\ \times\ \ \ \ \ 9 \\ \hline \end{array}$$

(16)
$$\begin{array}{r} 8\ 8\ 8 \\ \times\ \ \ \ \ 8 \\ \hline \end{array}$$

곱셈 종합

요일	교재 번호	학습한 날짜		확인
1일차(월)	01~08	월	일	
2일차(화)	09~16	월	일	
3일차(수)	17~24	월	일	
4일차(목)	25~32	월	일	
5일차(금)	33~40	월	일	

● 곱셈을 하시오.

(1) $5 \times 3 =$

(2) $5 \times 1 =$

(3) $5 \times 4 =$

(4) $5 \times 2 =$

(5) $5 \times 7 =$

(6) $5 \times 9 =$

(7) $5 \times 5 =$

(8) $5 \times 8 =$

(9) $5 \times 6 =$

(10) $5 \times 10 =$

(11) $2 \times 2 =$

(12) $2 \times 5 =$

(13) $2 \times 1 =$

(14) $2 \times 0 =$

(15) $2 \times 3 =$

(16) $2 \times 6 =$

(17) $2 \times 4 =$

(18) $2 \times 9 =$

(19) $2 \times 7 =$

(20) $2 \times 8 =$

(21) $4 \times 4 =$

(22) $4 \times 3 =$

(23) $4 \times 0 =$

(24) $4 \times 5 =$

(25) $4 \times 2 =$

(26) $4 \times 7 =$

(27) $4 \times 6 =$

(28) $4 \times 1 =$

(29) $4 \times 8 =$

(30) $4 \times 9 =$

(31) $4 \times 10 =$

(32) $8 \times 2 =$

(33) $8 \times 4 =$

(34) $8 \times 1 =$

(35) $8 \times 6 =$

(36) $8 \times 3 =$

(37) $8 \times 0 =$

(38) $8 \times 7 =$

(39) $8 \times 10 =$

(40) $8 \times 5 =$

(41) $8 \times 8 =$

(42) $8 \times 9 =$

● 곱셈을 하시오.

(1) $3 \times 2 =$

(2) $3 \times 4 =$

(3) $3 \times 1 =$

(4) $3 \times 3 =$

(5) $3 \times 0 =$

(6) $3 \times 7 =$

(7) $3 \times 5 =$

(8) $3 \times 9 =$

(9) $3 \times 6 =$

(10) $3 \times 8 =$

(11) $6 \times 1 =$

(12) $6 \times 4 =$

(13) $6 \times 2 =$

(14) $6 \times 6 =$

(15) $6 \times 3 =$

(16) $6 \times 8 =$

(17) $6 \times 5 =$

(18) $6 \times 7 =$

(19) $6 \times 10 =$

(20) $6 \times 9 =$

(21) $9 \times 1 =$

(22) $9 \times 3 =$

(23) $9 \times 0 =$

(24) $9 \times 6 =$

(25) $9 \times 4 =$

(26) $9 \times 2 =$

(27) $9 \times 5 =$

(28) $9 \times 9 =$

(29) $9 \times 7 =$

(30) $9 \times 8 =$

(31) $9 \times 10 =$

(32) $7 \times 2 =$

(33) $7 \times 0 =$

(34) $7 \times 6 =$

(35) $7 \times 1 =$

(36) $7 \times 3 =$

(37) $7 \times 9 =$

(38) $7 \times 4 =$

(39) $7 \times 5 =$

(40) $7 \times 8 =$

(41) $7 \times 10 =$

(42) $7 \times 7 =$

● 곱셈을 하시오.

(1) $2 \times 3 =$

(2) $5 \times 4 =$

(3) $3 \times 5 =$

(4) $4 \times 6 =$

(5) $7 \times 2 =$

(6) $8 \times 4 =$

(7) $9 \times 2 =$

(8) $2 \times 5 =$

(9) $6 \times 3 =$

(10) $5 \times 6 =$

(11) $7 \times 3 =$

(12) $2 \times 4 =$

(13) $5 \times 5 =$

(14) $7 \times 4 =$

(15) $4 \times 7 =$

(16) $9 \times 3 =$

(17) $4 \times 4 =$

(18) $8 \times 5 =$

(19) $9 \times 4 =$

(20) $6 \times 6 =$

(21) $2 \times 6 =$

(22) $7 \times 5 =$

(23) $3 \times 7 =$

(24) $8 \times 7 =$

(25) $4 \times 9 =$

(26) $3 \times 9 =$

(27) $5 \times 7 =$

(28) $6 \times 4 =$

(29) $6 \times 5 =$

(30) $3 \times 6 =$

(31) $8 \times 8 =$

(32) $3 \times 8 =$

(33) $2 \times 8 =$

(34) $5 \times 9 =$

(35) $8 \times 9 =$

(36) $7 \times 6 =$

(37) $9 \times 9 =$

(38) $9 \times 6 =$

(39) $8 \times 6 =$

(40) $7 \times 8 =$

(41) $9 \times 5 =$

(42) $6 \times 9 =$

● 곱셈을 하시오.

(1) $2 \times 1 =$

(2) $20 \times 1 =$

(3) $3 \times 2 =$

(4) $30 \times 2 =$

(5) $30 \times 3 =$

(6) $20 \times 4 =$

(7) $40 \times 2 =$

(8) $70 \times 5 =$

(9) $50 \times 6 =$

(10) $80 \times 8 =$

(11) $20 \times 9 =$

(12) $60 \times 7 =$

(13) $70 \times 4 =$

(14) $90 \times 6 =$

(15) $11 \times 5 =$

(16) $12 \times 2 =$

(17) $33 \times 2 =$

(18) $21 \times 4 =$

(19) $34 \times 2 =$

(20) $11 \times 8 =$

(21) $42 \times 2 =$

(22) $22 \times 3 =$

(23) $31 \times 3 =$

(24) $13 \times 3 =$

(25) $52 \times 2 =$

(26) $41 \times 4 =$

(27) $31 \times 7 =$

(28) $73 \times 3 =$

(29) $61 \times 4 =$

(30) $51 \times 9 =$

(31) $71 \times 8 =$

(32) $61 \times 5 =$

(33) $62 \times 2 =$

(34) $82 \times 3 =$

(35) $51 \times 8 =$

(36) $63 \times 2 =$

(37) $53 \times 2 =$

(38) $71 \times 4 =$

(39) $91 \times 2 =$

(40) $62 \times 3 =$

(41) $54 \times 2 =$

(42) $92 \times 4 =$

● 곱셈을 하시오.

(1)
$$\begin{array}{r} 2\ 2 \\ \times\quad 4 \\ \hline 8 \\ 8\ 0 \\ \hline 8\ 8 \end{array}$$

(2)
$$\begin{array}{r} 3\ 2 \\ \times\quad 3 \\ \hline \end{array}$$

(3)
$$\begin{array}{r} 6\ 1 \\ \times\quad 6 \\ \hline \end{array}$$

(4)
$$\begin{array}{r} 8\ 3 \\ \times\quad 2 \\ \hline \end{array}$$

(5)
$$\begin{array}{r} 7\ 2 \\ \times\quad 4 \\ \hline \end{array}$$

(6)
$$\begin{array}{r} 9\ 1 \\ \times\quad 7 \\ \hline \end{array}$$

(7)
```
    1 6
×     6
```

(10)
```
    2 7
×     3
```

(8)
```
    3 7
×     2
```

(11)
```
    1 9
×     5
```

(9)
```
    4 9
×     2
```

(12)
```
    2 6
×     4
```

● 곱셈을 하시오.

(1)
```
    3 8
  ×   4
```

(4)
```
    8 7
  ×   3
```

(2)
```
    5 3
  ×   5
```

(5)
```
    4 2
  ×   6
```

(3)
```
    6 2
  ×   6
```

(6)
```
    9 8
  ×   2
```

(7)
```
    3 4
  ×   3
  ─────
```

(10)
```
    7 3
  ×   6
  ─────
```

(8)
```
    9 5
  ×   4
  ─────
```

(11)
```
    9 2
  ×   3
  ─────
```

(9)
```
    8 6
  ×   7
  ─────
```

(12)
```
    7 7
  ×   4
  ─────
```

ME04 곱셈 종합

● 곱셈을 하시오.

(1)
```
    3 3
×     3
─────────
```

(5)
```
    2 1
×     8
─────────
```

(2)
```
    2 4
×     2
─────────
```

(6)
```
    7 4
×     2
─────────
```

(3)
```
    4 4
×     2
─────────
```

(7)
```
    6 1
×     7
─────────
```

(4)
```
    5 2
×     3
─────────
```

(8)
```
    8 3
×     3
─────────
```

(9)
```
     2 4
×  □ 3
─────────
```

(13)
```
     1 5
×  □ 5
─────────
```

(10)
```
     4 7
×  □ 2
─────────
```

(14)
```
     3 6
×  □ 2
─────────
```

(11)
```
     1 8
×  □ 5
─────────
```

(15)
```
     2 9
×  □ 3
─────────
```

(12)
```
     2 3
×  □ 4
─────────
```

(16)
```
     1 9
×  □ 4
─────────
```

● 곱셈을 하시오.

(1)
```
    2 7
×  □ 6
```

(5)
```
    1 8
×  □ 6
```

(2)
```
    6 4
×  □ 6
```

(6)
```
    2 7
×  □ 4
```

(3)
```
    4 5
×  □ 6
```

(7)
```
    6 8
×  □ 5
```

(4)
```
    9 2
×  □ 7
```

(8)
```
    3 5
×  □ 7
```

(9)
$$\begin{array}{r} 4\ 3 \\ \times\ \square\ 6 \\ \hline \end{array}$$

(13)
$$\begin{array}{r} 3\ 4 \\ \times\ \square\ 8 \\ \hline \end{array}$$

(10)
$$\begin{array}{r} 2\ 9 \\ \times\ \square\ 7 \\ \hline \end{array}$$

(14)
$$\begin{array}{r} 6\ 7 \\ \times\ \square\ 7 \\ \hline \end{array}$$

(11)
$$\begin{array}{r} 5\ 6 \\ \times\ \square\ 8 \\ \hline \end{array}$$

(15)
$$\begin{array}{r} 5\ 6 \\ \times\ \square\ 7 \\ \hline \end{array}$$

(12)
$$\begin{array}{r} 9\ 7 \\ \times\ \square\ 4 \\ \hline \end{array}$$

(16)
$$\begin{array}{r} 7\ 8 \\ \times\ \square\ 5 \\ \hline \end{array}$$

ME04 곱셈 종합

● 곱셈을 하시오.

(1)
$$\begin{array}{r} 1\ 4 \\ \times\ \ \ 2 \\ \hline \end{array}$$

(5)
$$\begin{array}{r} 2\ 3 \\ \times\ \ \ 2 \\ \hline \end{array}$$

(2)
$$\begin{array}{r} 1\ 2 \\ \times\ \ \ 4 \\ \hline \end{array}$$

(6)
$$\begin{array}{r} 1\ 1 \\ \times\ \ \ 6 \\ \hline \end{array}$$

(3)
$$\begin{array}{r} 2\ 0 \\ \times\ \ \ 3 \\ \hline \end{array}$$

(7)
$$\begin{array}{r} 4\ 1 \\ \times\ \ \ 2 \\ \hline \end{array}$$

(4)
$$\begin{array}{r} 2\ 1 \\ \times\ \ \ 3 \\ \hline \end{array}$$

(8)
$$\begin{array}{r} 3\ 4 \\ \times\ \ \ 2 \\ \hline \end{array}$$

(9)
```
    2 2
  ×   2
  ───────
```

(14)
```
    3 2
  ×   2
  ───────
```

(10)
```
    3 1
  ×   5
  ───────
```

(15)
```
    3 2
  ×   4
  ───────
```

(11)
```
    4 3
  ×   3
  ───────
```

(16)
```
    5 2
  ×   4
  ───────
```

(12)
```
    6 4
  ×   2
  ───────
```

(17)
```
    6 1
  ×   8
  ───────
```

(13)
```
    4 1
  ×   7
  ───────
```

(18)
```
    7 2
  ×   3
  ───────
```

ME04 곱셈 종합

● 곱셈을 하시오.

(1)
$$\begin{array}{r} 2\ 1 \\ \times\quad 6 \\ \hline \end{array}$$

(5)
$$\begin{array}{r} 5\ 3 \\ \times\quad 3 \\ \hline \end{array}$$

(2)
$$\begin{array}{r} 4\ 2 \\ \times\quad 3 \\ \hline \end{array}$$

(6)
$$\begin{array}{r} 8\ 0 \\ \times\quad 9 \\ \hline \end{array}$$

(3)
$$\begin{array}{r} 6\ 2 \\ \times\quad 4 \\ \hline \end{array}$$

(7)
$$\begin{array}{r} 9\ 1 \\ \times\quad 6 \\ \hline \end{array}$$

(4)
$$\begin{array}{r} 7\ 3 \\ \times\quad 2 \\ \hline \end{array}$$

(8)
$$\begin{array}{r} 8\ 2 \\ \times\quad 4 \\ \hline \end{array}$$

(9)
```
    6 3
  ×   3
  ———————
```

(14)
```
    2 8
  ×   2
  ———————
```

(10)
```
    8 1
  ×   5
  ———————
```

(15)
```
    3 8
  ×   2
  ———————
```

(11)
```
    1 4
  ×   3
  ———————
```

(16)
```
    2 6
  ×   3
  ———————
```

(12)
```
    1 6
  ×   4
  ———————
```

(17)
```
    2 5
  ×   4
  ———————
```

(13)
```
    1 7
  ×   5
  ———————
```

(18)
```
    4 6
  ×   2
  ———————
```

ME04 곱셈 종합

● 곱셈을 하시오.

(1)
$$\begin{array}{r} 1\ 7 \\ \times\ \ \ 4 \\ \hline \end{array}$$

(5)
$$\begin{array}{r} 1\ 4 \\ \times\ \ \ 7 \\ \hline \end{array}$$

(2)
$$\begin{array}{r} 1\ 3 \\ \times\ \ \ 6 \\ \hline \end{array}$$

(6)
$$\begin{array}{r} 2\ 7 \\ \times\ \ \ 2 \\ \hline \end{array}$$

(3)
$$\begin{array}{r} 2\ 3 \\ \times\ \ \ 4 \\ \hline \end{array}$$

(7)
$$\begin{array}{r} 3\ 5 \\ \times\ \ \ 3 \\ \hline \end{array}$$

(4)
$$\begin{array}{r} 3\ 5 \\ \times\ \ \ 2 \\ \hline \end{array}$$

(8)
$$\begin{array}{r} 4\ 8 \\ \times\ \ \ 2 \\ \hline \end{array}$$

(9)
$$\begin{array}{r} 1\ 9 \\ \times\quad 3 \\ \hline \end{array}$$

(14)
$$\begin{array}{r} 4\ 6 \\ \times\quad 3 \\ \hline \end{array}$$

(10)
$$\begin{array}{r} 2\ 8 \\ \times\quad 4 \\ \hline \end{array}$$

(15)
$$\begin{array}{r} 5\ 4 \\ \times\quad 4 \\ \hline \end{array}$$

(11)
$$\begin{array}{r} 3\ 6 \\ \times\quad 3 \\ \hline \end{array}$$

(16)
$$\begin{array}{r} 3\ 2 \\ \times\quad 8 \\ \hline \end{array}$$

(12)
$$\begin{array}{r} 2\ 3 \\ \times\quad 7 \\ \hline \end{array}$$

(17)
$$\begin{array}{r} 5\ 6 \\ \times\quad 5 \\ \hline \end{array}$$

(13)
$$\begin{array}{r} 3\ 4 \\ \times\quad 5 \\ \hline \end{array}$$

(18)
$$\begin{array}{r} 7\ 8 \\ \times\quad 3 \\ \hline \end{array}$$

ME04 곱셈 종합

● 곱셈을 하시오.

(1)
```
    2 3
×     5
───────
```

(5)
```
    2 6
×     6
───────
```

(2)
```
    3 3
×     8
───────
```

(6)
```
    4 5
×     3
───────
```

(3)
```
    6 5
×     6
───────
```

(7)
```
    7 4
×     4
───────
```

(4)
```
    5 2
×     7
───────
```

(8)
```
    8 5
×     3
───────
```

(9)
```
    2 8
  ×   5
  ───────
```

(14)
```
    6 5
  ×   2
  ───────
```

(10)
```
    4 4
  ×   6
  ───────
```

(15)
```
    7 5
  ×   9
  ───────
```

(11)
```
    3 5
  ×   4
  ───────
```

(16)
```
    9 8
  ×   4
  ───────
```

(12)
```
    5 5
  ×   8
  ───────
```

(17)
```
    7 3
  ×   5
  ───────
```

(13)
```
    8 4
  ×   7
  ───────
```

(18)
```
    9 7
  ×   2
  ───────
```

ME04 곱셈 종합

● 곱셈을 하시오.

(1)
$$\begin{array}{r} 1\ 5 \\ \times\quad 4 \\ \hline \end{array}$$

(5)
$$\begin{array}{r} 4\ 7 \\ \times\quad 5 \\ \hline \end{array}$$

(2)
$$\begin{array}{r} 2\ 6 \\ \times\quad 2 \\ \hline \end{array}$$

(6)
$$\begin{array}{r} 2\ 5 \\ \times\quad 6 \\ \hline \end{array}$$

(3)
$$\begin{array}{r} 4\ 3 \\ \times\quad 2 \\ \hline \end{array}$$

(7)
$$\begin{array}{r} 6\ 9 \\ \times\quad 4 \\ \hline \end{array}$$

(4)
$$\begin{array}{r} 9\ 3 \\ \times\quad 3 \\ \hline \end{array}$$

(8)
$$\begin{array}{r} 5\ 3 \\ \times\quad 7 \\ \hline \end{array}$$

(9)
$$\begin{array}{r} 1\ 8 \\ \times\quad 4 \\ \hline \end{array}$$

(14)
$$\begin{array}{r} 6\ 7 \\ \times\quad 4 \\ \hline \end{array}$$

(10)
$$\begin{array}{r} 7\ 4 \\ \times\quad 5 \\ \hline \end{array}$$

(15)
$$\begin{array}{r} 9\ 5 \\ \times\quad 2 \\ \hline \end{array}$$

(11)
$$\begin{array}{r} 9\ 4 \\ \times\quad 3 \\ \hline \end{array}$$

(16)
$$\begin{array}{r} 8\ 3 \\ \times\quad 6 \\ \hline \end{array}$$

(12)
$$\begin{array}{r} 1\ 9 \\ \times\quad 8 \\ \hline \end{array}$$

(17)
$$\begin{array}{r} 3\ 9 \\ \times\quad 7 \\ \hline \end{array}$$

(13) $33 \times 2 =$

(18) $41 \times 3 =$

ME04 곱셈 종합

● 곱셈을 하시오.

(1)
$$\begin{array}{r} 1\ 6 \\ \times\quad 5 \\ \hline \end{array}$$

(2)
$$\begin{array}{r} 6\ 6 \\ \times\quad 3 \\ \hline \end{array}$$

(3)
$$\begin{array}{r} 2\ 5 \\ \times\quad 3 \\ \hline \end{array}$$

(4)
$$\begin{array}{r} 3\ 6 \\ \times\quad 7 \\ \hline \end{array}$$

(5)
$$\begin{array}{r} 4\ 2 \\ \times\quad 5 \\ \hline \end{array}$$

(6)
$$\begin{array}{r} 4\ 2 \\ \times\quad 4 \\ \hline \end{array}$$

(7)
$$\begin{array}{r} 5\ 7 \\ \times\quad 4 \\ \hline \end{array}$$

(8)
$$\begin{array}{r} 8\ 2 \\ \times\quad 2 \\ \hline \end{array}$$

(9)
$$\begin{array}{r} 6\ 3 \\ \times \quad 8 \\ \hline \end{array}$$

(14)
$$\begin{array}{r} 8\ 4 \\ \times \quad 5 \\ \hline \end{array}$$

(10)
$$\begin{array}{r} 4\ 6 \\ \times \quad 6 \\ \hline \end{array}$$

(15)
$$\begin{array}{r} 5\ 6 \\ \times \quad 9 \\ \hline \end{array}$$

(11)
$$\begin{array}{r} 2\ 9 \\ \times \quad 2 \\ \hline \end{array}$$

(16)
$$\begin{array}{r} 8\ 9 \\ \times \quad 4 \\ \hline \end{array}$$

(12)
$$\begin{array}{r} 7\ 6 \\ \times \quad 7 \\ \hline \end{array}$$

(17)
$$\begin{array}{r} 9\ 7 \\ \times \quad 8 \\ \hline \end{array}$$

(13) $43 \times 3 =$

(18) $93 \times 3 =$

ME04 곱셈 종합

● 곱셈을 하시오.

(1)
$$\begin{array}{r} 3\ 4 \\ \times\ \ \ 4 \\ \hline \end{array}$$

(5)
$$\begin{array}{r} 6\ 3 \\ \times\ \ \ 5 \\ \hline \end{array}$$

(2)
$$\begin{array}{r} 2\ 8 \\ \times\ \ \ 3 \\ \hline \end{array}$$

(6)
$$\begin{array}{r} 4\ 5 \\ \times\ \ \ 7 \\ \hline \end{array}$$

(3)
$$\begin{array}{r} 3\ 9 \\ \times\ \ \ 6 \\ \hline \end{array}$$

(7)
$$\begin{array}{r} 7\ 2 \\ \times\ \ \ 2 \\ \hline \end{array}$$

(4)
$$\begin{array}{r} 5\ 7 \\ \times\ \ \ 8 \\ \hline \end{array}$$

(8)
$$\begin{array}{r} 8\ 6 \\ \times\ \ \ 4 \\ \hline \end{array}$$

(9)
$$\begin{array}{r} 4\ 8 \\ \times\quad 8 \\ \hline \end{array}$$

(14)
$$\begin{array}{r} 3\ 9 \\ \times\quad 2 \\ \hline \end{array}$$

(10)
$$\begin{array}{r} 4\ 5 \\ \times\quad 2 \\ \hline \end{array}$$

(15)
$$\begin{array}{r} 8\ 7 \\ \times\quad 4 \\ \hline \end{array}$$

(11)
$$\begin{array}{r} 7\ 6 \\ \times\quad 6 \\ \hline \end{array}$$

(16)
$$\begin{array}{r} 6\ 3 \\ \times\quad 7 \\ \hline \end{array}$$

(12)
$$\begin{array}{r} 9\ 4 \\ \times\quad 9 \\ \hline \end{array}$$

(17)
$$\begin{array}{r} 5\ 1 \\ \times\quad 7 \\ \hline \end{array}$$

(13) $43 \times 2 =$

(18) $81 \times 6 =$

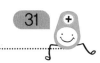

ME04 곱셈 종합

● 곱셈을 하시오.

(1)
$$\begin{array}{r} 4\ 7 \\ \times\quad 6 \\ \hline \end{array}$$

(5)
$$\begin{array}{r} 2\ 9 \\ \times\quad 3 \\ \hline \end{array}$$

(2)
$$\begin{array}{r} 8\ 4 \\ \times\quad 2 \\ \hline \end{array}$$

(6)
$$\begin{array}{r} 1\ 8 \\ \times\quad 8 \\ \hline \end{array}$$

(3)
$$\begin{array}{r} 7\ 6 \\ \times\quad 4 \\ \hline \end{array}$$

(7)
$$\begin{array}{r} 8\ 7 \\ \times\quad 2 \\ \hline \end{array}$$

(4)
$$\begin{array}{r} 7\ 6 \\ \times\quad 8 \\ \hline \end{array}$$

(8)
$$\begin{array}{r} 5\ 7 \\ \times\quad 6 \\ \hline \end{array}$$

(9)
```
   3 8
×    6
```

(14)
```
   6 2
×    4
```

(10)
```
   7 4
×    6
```

(15)
```
   8 5
×    7
```

(11)
```
   4 3
×    8
```

(16)
```
   9 9
×    6
```

(12)
```
   4 9
×    2
```

(17)
```
   8 4
×    9
```

(13) $25 \times 2 =$

(18) $93 \times 2 =$

ME04 곱셈 종합

● 곱셈을 하시오.

(1)
```
  1 0 2
×     2
```

(5)
```
  2 1 2
×     2
```

(2)
```
  3 1 0
×     3
```

(6)
```
  2 2 0
×     4
```

(3)
```
  4 3 2
×     2
```

(7)
```
  1 2 3
×     3
```

(4)
```
  3 0 2
×     3
```

(8)
```
  4 2 1
×     2
```

(9)
$$\begin{array}{r} 5\ 1\ 2 \\ \times\quad 3 \\ \hline \end{array}$$

(13)
$$\begin{array}{r} 6\ 1\ 2 \\ \times\quad 4 \\ \hline \end{array}$$

(10)
$$\begin{array}{r} 7\ 4\ 3 \\ \times\quad 2 \\ \hline \end{array}$$

(14)
$$\begin{array}{r} 8\ 0\ 2 \\ \times\quad 4 \\ \hline \end{array}$$

(11)
$$\begin{array}{r} 9\ 1\ 0 \\ \times\quad 5 \\ \hline \end{array}$$

(15)
$$\begin{array}{r} 5\ 4\ 3 \\ \times\quad 2 \\ \hline \end{array}$$

(12) $324 \times 2 =$

(16) $323 \times 3 =$

ME04 곱셈 종합

● 곱셈을 하시오.

(1)
```
    2 7 0
  ×     2
```

(5)
```
    3 9 2
  ×     2
```

(2)
```
    1 6 3
  ×     3
```

(6)
```
    1 5 1
  ×     7
```

(3)
```
    4 6 3
  ×     2
```

(7)
```
    7 5 2
  ×     3
```

(4)
```
    6 5 2
  ×     4
```

(8)
```
    2 5 1
  ×     4
```

(9)
$$\begin{array}{r} 2\,4\,7 \\ \times \quad\ \ 2 \\ \hline \end{array}$$

(13)
$$\begin{array}{r} 8\,1\,5 \\ \times \quad\ \ 5 \\ \hline \end{array}$$

(10)
$$\begin{array}{r} 3\,2\,9 \\ \times \quad\ \ 3 \\ \hline \end{array}$$

(14)
$$\begin{array}{r} 3\,2\,8 \\ \times \quad\ \ 4 \\ \hline \end{array}$$

(11)
$$\begin{array}{r} 5\,1\,6 \\ \times \quad\ \ 6 \\ \hline \end{array}$$

(15)
$$\begin{array}{r} 9\,2\,8 \\ \times \quad\ \ 2 \\ \hline \end{array}$$

(12) $122 \times 4 =$

(16) $523 \times 3 =$

ME04 곱셈 종합

● 곱셈을 하시오.

(1)
```
  1 4 8
×     4
```

(5)
```
  5 3 8
×     3
```

(2)
```
  3 5 9
×     2
```

(6)
```
  6 5 4
×     9
```

(3)
```
  4 2 5
×     5
```

(7)
```
  7 3 7
×     8
```

(4)
```
  7 2 4
×     6
```

(8)
```
  6 4 3
×     7
```

(9)
```
    2 5 8
  ×     3
  ───────
```

(13)
```
    6 9 8
  ×     4
  ───────
```

(10)
```
    3 6 2
  ×     7
  ───────
```

(14)
```
    8 7 9
  ×     5
  ───────
```

(11)
```
    5 6 2
  ×     9
  ───────
```

(15)
```
    9 4 5
  ×     6
  ───────
```

(12) $612 \times 3 =$

(16) $834 \times 2 =$

ME04 곱셈 종합

● 곱셈을 하시오.

(1)
$$274 \times 4$$

(5)
$$384 \times 7$$

(2)
$$467 \times 6$$

(6)
$$594 \times 2$$

(3)
$$683 \times 5$$

(7)
$$817 \times 3$$

(4)
$$927 \times 2$$

(8)
$$436 \times 8$$

(9)
$$\begin{array}{r} 2\,6\,5 \\ \times \quad\ 7 \\ \hline \end{array}$$

(13)
$$\begin{array}{r} 6\,5\,8 \\ \times \quad\ 6 \\ \hline \end{array}$$

(10)
$$\begin{array}{r} 7\,4\,6 \\ \times \quad\ 4 \\ \hline \end{array}$$

(14)
$$\begin{array}{r} 6\,3\,1 \\ \times \quad\ 7 \\ \hline \end{array}$$

(11)
$$\begin{array}{r} 8\,5\,2 \\ \times \quad\ 2 \\ \hline \end{array}$$

(15)
$$\begin{array}{r} 9\,2\,7 \\ \times \quad\ 3 \\ \hline \end{array}$$

(12) $413 \times 3 =$

(16) $542 \times 2 =$

ME 단계 4 권

학교 연산 대비하자

연산 UP

● 곱셈을 하시오.

(1)
```
    1 4 3
  ×     2
```

(5)
```
    5 2 4
  ×     2
```

(2)
```
    2 2 5
  ×     4
```

(6)
```
    6 4 7
  ×     3
```

(3)
```
    3 6 2
  ×     7
```

(7)
```
    7 1 9
  ×     8
```

(4)
```
    4 3 9
  ×     5
```

(8)
```
    8 5 4
  ×     6
```

(9)
```
    2 5 6
  ×     5
  ───────
```

(13)
```
    7 3 4
  ×     2
  ───────
```

(10)
```
    4 7 3
  ×     3
  ───────
```

(14)
```
    5 4 5
  ×     5
  ───────
```

(11)
```
    3 2 5
  ×     4
  ───────
```

(15)
```
    8 6 7
  ×     8
  ───────
```

(12)
```
    6 8 1
  ×     7
  ───────
```

(16)
```
    9 1 2
  ×     4
  ───────
```

● 곱셈을 하시오.

(1)
$$\begin{array}{r} 124 \\ \times\quad 5 \\ \hline \end{array}$$

(5)
$$\begin{array}{r} 583 \\ \times\quad 3 \\ \hline \end{array}$$

(2)
$$\begin{array}{r} 219 \\ \times\quad 4 \\ \hline \end{array}$$

(6)
$$\begin{array}{r} 756 \\ \times\quad 5 \\ \hline \end{array}$$

(3)
$$\begin{array}{r} 452 \\ \times\quad 6 \\ \hline \end{array}$$

(7)
$$\begin{array}{r} 608 \\ \times\quad 9 \\ \hline \end{array}$$

(4)
$$\begin{array}{r} 347 \\ \times\quad 3 \\ \hline \end{array}$$

(8)
$$\begin{array}{r} 834 \\ \times\quad 2 \\ \hline \end{array}$$

(9)
$$\begin{array}{r} 1\ 8\ 6 \\ \times\qquad 4 \\ \hline \end{array}$$

(13)
$$\begin{array}{r} 3\ 1\ 8 \\ \times\qquad 5 \\ \hline \end{array}$$

(10)
$$\begin{array}{r} 4\ 2\ 5 \\ \times\qquad 4 \\ \hline \end{array}$$

(14)
$$\begin{array}{r} 5\ 9\ 1 \\ \times\qquad 6 \\ \hline \end{array}$$

(11)
$$\begin{array}{r} 2\ 3\ 4 \\ \times\qquad 2 \\ \hline \end{array}$$

(15)
$$\begin{array}{r} 6\ 5\ 7 \\ \times\qquad 8 \\ \hline \end{array}$$

(12)
$$\begin{array}{r} 7\ 4\ 2 \\ \times\qquad 7 \\ \hline \end{array}$$

(16)
$$\begin{array}{r} 8\ 1\ 6 \\ \times\qquad 3 \\ \hline \end{array}$$

● 곱셈을 하시오.

(1)
$$\begin{array}{r} 2\,0\,8 \\ \times\quad 6 \\ \hline \end{array}$$

(5)
$$\begin{array}{r} 5\,6\,2 \\ \times\quad 3 \\ \hline \end{array}$$

(2)
$$\begin{array}{r} 3\,7\,2 \\ \times\quad 2 \\ \hline \end{array}$$

(6)
$$\begin{array}{r} 8\,5\,4 \\ \times\quad 5 \\ \hline \end{array}$$

(3)
$$\begin{array}{r} 1\,2\,5 \\ \times\quad 6 \\ \hline \end{array}$$

(7)
$$\begin{array}{r} 6\,1\,3 \\ \times\quad 4 \\ \hline \end{array}$$

(4)
$$\begin{array}{r} 4\,1\,7 \\ \times\quad 7 \\ \hline \end{array}$$

(8)
$$\begin{array}{r} 7\,8\,1 \\ \times\quad 2 \\ \hline \end{array}$$

(9)
$$\begin{array}{r} 2\,4\,2 \\ \times\quad 5 \\ \hline \end{array}$$

(13)
$$\begin{array}{r} 6\,2\,6 \\ \times\quad 2 \\ \hline \end{array}$$

(10)
$$\begin{array}{r} 4\,7\,5 \\ \times\quad 2 \\ \hline \end{array}$$

(14)
$$\begin{array}{r} 7\,0\,3 \\ \times\quad 8 \\ \hline \end{array}$$

(11)
$$\begin{array}{r} 3\,3\,3 \\ \times\quad 6 \\ \hline \end{array}$$

(15)
$$\begin{array}{r} 9\,2\,5 \\ \times\quad 4 \\ \hline \end{array}$$

(12)
$$\begin{array}{r} 5\,1\,4 \\ \times\quad 6 \\ \hline \end{array}$$

(16)
$$\begin{array}{r} 8\,6\,7 \\ \times\quad 3 \\ \hline \end{array}$$

● 빈 곳에 알맞은 수를 써넣으시오.

(1)

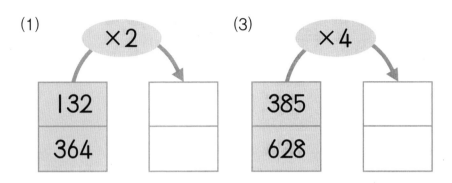

(3) ×4

385
628

(2)

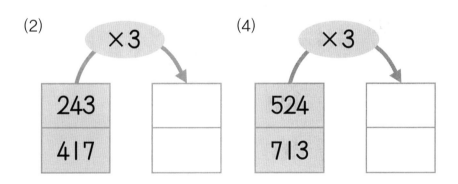

(4) ×3

524
713

(5)
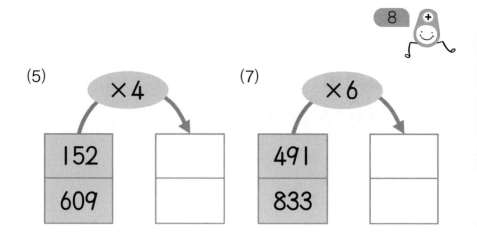

×4

152
609

(7)

×6

491
833

(6)
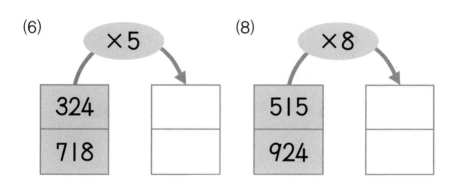

×5

324
718

(8)

×8

515
924

● 빈 곳에 알맞은 수를 써넣으시오.

(1)

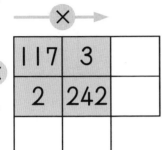

(3)

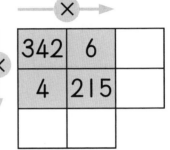

(2)

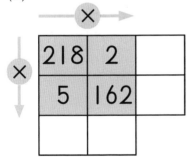

(4)

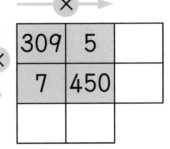

(5)

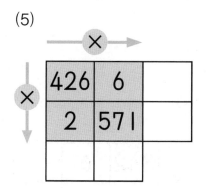

(7)

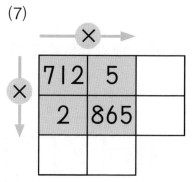

(6)

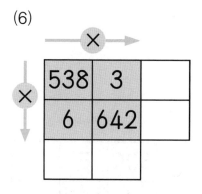

(8)

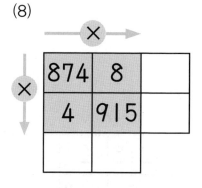

● 빈 곳에 알맞은 수를 써넣으시오.

(1)

× →

125	3	
4	232	

(3)

× →

514	6	
4	325	

(2)

× →

213	6	
3	485	

(4)

× →

439	3	
2	658	

(5)

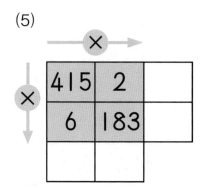

(7)

823	5	
3	674	

(6)

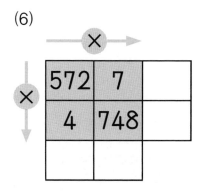

(8)

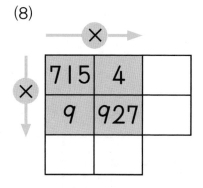

● 다음을 읽고 물음에 답하시오.

(1) 한 개에 **450**원 하는 사탕이 있습니다. 이 사탕 **8**개의 가격은 얼마입니까?

(   )

(2) 정현이네 학교 **3**학년 학생은 **293**명입니다. 학생 한 명에게 공책을 **2**권씩 나누어 주려고 합니다. 필요한 공책은 모두 몇 권입니까?

(   )

(3) 어느 공장에서 장난감을 **1**분에 **162**개씩 만들 수 있다고 합니다. **6**분 동안 만들 수 있는 장난감은 모두 몇 개입니까?

(   )

(4) 세발자전거가 **274**대 있습니다. 세발자전거의 바퀴 수는 모두 몇 개입니까?

(   )

(5) 사탕이 한 상자에 **325**개씩 들어 있습니다. **4**상자에 들어 있는 사탕은 모두 몇 개입니까?

(   )

(6) 소민이는 이번 달에 **128**쪽짜리 동화책을 **7**권 읽었습니다. 소민이가 이번 달에 읽은 동화책은 모두 몇 쪽입니까?

(   )

● 다음을 읽고 물음에 답하시오.

(1) 어느 공장에서 하루에 냉장고를 140대씩 만든다고 합니다. 이 공장에서 5일 동안 만든 냉장고는 모두 몇 대입니까?

(   )

(2) 준기는 둘레가 548 m인 공원을 3바퀴 걸었습니다. 준기가 걸은 거리는 모두 몇 m입니까?

(   )

(3) 가로가 125 cm인 직사각형이 있습니다. 세로가 가로의 4배일 때, 직사각형의 세로는 몇 cm입니까?

(   )

(4) 어느 극장에는 한 번에 **495**명씩 입장이 가능하고, 하루에 **2**번 공연을 한다고 합니다. 이 극장에는 하루에 최대 몇 명이 입장할 수 있습니까?

(   )

(5) 제과점에서 하루에 빵을 **286**개씩 만든다고 합니다. **3**일 동안 만든 빵은 모두 몇 개입니까?

(   )

(6) 구슬이 한 상자에 **325**개씩 들어 있습니다. **7**상자에 들어 있는 구슬은 모두 몇 개입니까?

(   )

정 답

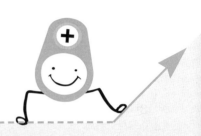

1주차	196
2주차	199
3주차	202
4주차	204
연산 UP	208

1	2	3
(1) 48	(9) 266	
(2) 225	(10) 477	
(3) 153	(11) 474	
(4) 141	(12) 680	
(5) 140	(13) 496	
(6) 357	(14) 376	
(7) 174	(15) 594	
(8) 424	(16) 528	

(1)
```
    1 1 2
  ×     2
        4  … 2×2
      2 0  … 10×2
    2 0 0  … 100×2
    2 2 4
```

(2)
```
    1 2 4
  ×     2
        8  … 4×2
      4 0  … 20×2
    2 0 0  … 100×2
    2 4 8
```

(3)
```
    2 1 3
  ×     2
        6  … 3 × 2
      2 0  … 10 × 2
    4 0 0  … 200 × 2
    4 2 6
```

(4)
```
    2 2 9
  ×     2
      1 8  … 9 × 2
      4 0  … 20 × 2
    4 0 0  … 200 × 2
    4 5 8
```

4		5	6	7	8

(5)
```
    3 4 2
  ×     3
        6
    1 2 0
    9 0 0
  1 0 2 6
```

(8)
```
    1 4 9
  ×     4
      3 6
    1 6 0
    4 0 0
    5 9 6
```

(6)
```
    3 4 8
  ×     2
      1 6
      8 0
    6 0 0
    6 9 6
```

(9)
```
    4 3 1
  ×     3
        3
      9 0
  1 2 0 0
  1 2 9 3
```

(7)
```
    5 1 2
  ×     2
        4
      2 0
  1 0 0 0
  1 0 2 4
```

(10)
```
    2 4 6
  ×     2
      1 2
      8 0
    4 0 0
    4 9 2
```

5
(1) 400
(2) 660
(3) 482
(4) 642

6
(5) 1248
(6) 1684
(7) 1555
(8) 2088
(9) 1209
(10) 1530
(11) 1608
(12) 1839

7
(1) 1, 306
(2) 1, 744
(3) 2, 813
(4) 2, 549

8
(5) 1, 702
(6) 1, 944
(7) 1, 724
(8) 1, 762
(9) 1, 922
(10) 2, 1116
(11) 1, 946
(12) 2, 1446

9	10	11	12
(1) 228	(9) 1260	(1) 1, 250	(5) 1, 975
(2) 396	(10) 2493	(2) 1, 496	(6) 2, 924
(3) 608	(11) 1, 1023	(3) 1, 452	(7) 1, 870
(4) 1269	(12) 1, 756	(4) 2, 381	(8) 1, 1848
(5) 826	(13) 2044		(9) 1, 852
(6) 1563	(14) 1, 924		(10) 1, 858
(7) 1869	(15) 1, 1053		(11) 1, 676
(8) 2840	(16) 1, 489		(12) 2, 2481

13	14	15	16
(1) 1, 1, 512	(5) 1, 1, 996	(1) 1, 1, 795	(9) 1, 1, 358
(2) 1, 1, 738	(6) 2, 2, 1424	(2) 2, 1, 528	(10) 2, 1, 1456
(3) 2, 1, 652	(7) 2, 1, 1812	(3) 1, 1, 918	(11) 1, 4, 3768
(4) 2, 3, 1470	(8) 1, 2, 1671	(4) 1, 2, 1641	(12) 4, 4, 2490
	(9) 2, 1, 1052	(5) 1, 2, 944	(13) 2, 4, 959
	(10) 2, 2, 1794	(6) 2, 2, 594	(14) 1, 2, 1071
	(11) 1, 1, 1536	(7) 1, 1, 734	(15) 1, 2, 2140
	(12) 2, 1, 3496	(8) 2, 1, 1458	(16) 2, 2, 3824

ME01

17	18	19	20	21	22	23	24
(1) 484	(9) 2, 2, 591	(1) 306	(9) 606	(1) 1, 328	(9) 500	(1) 2,387	(9) 450
(2) 1, 942	(10) 2, 2, 1225	(2) 466	(10) 840	(2) 788	(10) 966	(2) 432	(10) 814
(3) 2,984	(11) 2,384	(3) 393	(11) 684	(3) 764	(11) 902	(3) 687	(11) 1281
(4) 2, 2, 861	(12) 5, 6354	(4) 408	(12) 1640	(4) 780	(12) 2805	(4) 981	(12) 638
(5) 640	(13) 1, 1, 574	(5) 408	(13) 999	(5) 516	(13) 746	(5) 824	(13) 472
(6) 3, 1128	(14) 1, 1, 912	(6) 936	(14) 1046	(6) 843	(14) 1080	(6) 945	(14) 2095
(7) 1, 816	(15) 3, 2, 1548	(7) 884	(15) 2169	(7) 1044	(15) 1359	(7) 258	(15) 6464
(8) 2, 3848	(16) 2, 2184	(8) 646	(16) 1286	(8) 764	(16) 3900	(8) 476	(16) 2496

ME01

25	26	27	28	29	30	31	32
(1) 309	(9) 690	(1) 2, 2, 531	(9) 1428	(1) 208	(9) 432	(1) 226	(9) 675
(2) 678	(10) 918	(2) 867	(10) 2718	(2) 840	(10) 1645	(2) 276	(10) 900
(3) 1520	(11) 1074	(3) 1698	(11) 1704	(3) 556	(11) 783	(3) 568	(11) 1125
(4) 1272	(12) 2455	(4) 744	(12) 1690	(4) 274	(12) 1345	(4) 875	(12) 582
(5) 386	(13) 1672	(5) 772	(13) 2478	(5) 848	(13) 855	(5) 434	(13) 695
(6) 579	(14) 602	(6) 990	(14) 2832	(6) 672	(14) 935	(6) 663	(14) 688
(7) 1110	(15) 588	(7) 1180	(15) 1611	(7) 765	(15) 556	(7) 543	(15) 855
(8) 1545	(16) 4890	(8) 1810	(16) 4145	(8) 864	(16) 1518	(8) 1056	(16) 1758

ME01

33	34	35	36	37	38	39	40
(1) 544	(9) 660	(1) 480	(9) 1016	(1) 484	(9) 729	(1) 668	(9) 705
(2) 246	(10) 807	(2) 996	(10) 978	(2) 1090	(10) 2024	(2) 759	(10) 1484
(3) 618	(11) 837	(3) 1328	(11) 996	(3) 722	(11) 2976	(3) 768	(11) 2044
(4) 956	(12) 1255	(4) 964	(12) 1464	(4) 891	(12) 1140	(4) 1164	(12) 828
(5) 357	(13) 873	(5) 954	(13) 1792	(5) 644	(13) 498	(5) 670	(13) 1935
(6) 828	(14) 414	(6) 860	(14) 2464	(6) 710	(14) 1384	(6) 464	(14) 562
(7) 580	(15) 1740	(7) 2086	(15) 2387	(7) 846	(15) 736	(7) 1041	(15) 957
(8) 1944	(16) 1180	(8) 1032	(16) 1035	(8) 1556	(16) 1778	(8) 454	(16) 2751

ME02

1	2	3	4	5	6	7	8
(1) 615	(9) 672	(1) 604	(9) 1002	(1) 1280	(9) 1276	(1) 2010	(9) 2140
(2) 704	(10) 1764	(2) 1236	(10) 3052	(2) 1344	(10) 914	(2) 1605	(10) 2190
(3) 486	(11) 1820	(3) 1944	(11) 972	(3) 2821	(11) 2562	(3) 2604	(11) 2840
(4) 948	(12) 1120	(4) 2150	(12) 2345	(4) 2165	(12) 1824	(4) 2784	(12) 1972
(5) 626	(13) 1544	(5) 940	(13) 1508	(5) 1854	(13) 1317	(5) 2763	(13) 2527
(6) 915	(14) 1062	(6) 656	(14) 2030	(6) 3699	(14) 1735	(6) 1700	(14) 2848
(7) 1355	(15) 1638	(7) 2544	(15) 2760	(7) 1844	(15) 1065	(7) 1884	(15) 2480
(8) 1348	(16) 2992	(8) 1380	(16) 1832	(8) 1389	(16) 2568	(8) 3115	(16) 1540

9	10	11	12	13	14	15	16
(1) 1520	(9) 2130	(1) 806	(9) 1780	(1) 2490	(9) 1748	(1) 3042	(9) 2272
(2) 1314	(10) 2135	(2) 1257	(10) 2645	(2) 1266	(10) 2265	(2) 2132	(10) 1668
(3) 1866	(11) 1047	(3) 1689	(11) 2574	(3) 2064	(11) 2856	(3) 2130	(11) 3552
(4) 1329	(12) 1890	(4) 1554	(12) 2390	(4) 1605	(12) 1746	(4) 2724	(12) 3872
(5) 1630	(13) 1416	(5) 1006	(13) 2172	(5) 1048	(13) 2740	(5) 1539	(13) 2508
(6) 2090	(14) 3283	(6) 2100	(14) 1852	(6) 2036	(14) 3752	(6) 862	(14) 2300
(7) 1648	(15) 1460	(7) 1720	(15) 1728	(7) 1828	(15) 3456	(7) 1668	(15) 3255
(8) 2366	(16) 2480	(8) 1692	(16) 3633	(8) 1620	(16) 1856	(8) 2605	(16) 3955

17	18	19	20	21	22	23	24
(1) 420	(9) 894	(1) 572	(9) 4568	(1) 850	(9) 1640	(1) 362	(9) 1915
(2) 690	(10) 3368	(2) 516	(10) 3160	(2) 1986	(10) 6432	(2) 1143	(10) 3354
(3) 656	(11) 2540	(3) 906	(11) 6636	(3) 1420	(11) 9639	(3) 784	(11) 2630
(4) 2135	(12) 2072	(4) 1042	(12) 333	(4) 1988	(12) 428	(4) 2920	(12) 480
(5) 840	(13) 708	(5) 1490	(13) 2184	(5) 1446	(13) 2898	(5) 324	(13) 908
(6) 3216	(14) 2936	(6) 1540	(14) 6384	(6) 1928	(14) 3736	(6) 2667	(14) 3896
(7) 1635	(15) 1712	(7) 1074	(15) 6406	(7) 2616	(15) 8264	(7) 1992	(15) 6489
(8) 1342	(16) 2277	(8) 2142	(16) 406	(8) 1536	(16) 963	(8) 3100	(16) 1050

25	26	27	28	29	30	31	32
(1) 976	(9) 1365	(1) 876	(9) 2250	(1) 951	(9) 561	(1) 681	(9) 2295
(2) 1113	(10) 3745	(2) 934	(10) 3835	(2) 966	(10) 2058	(2) 1448	(10) 3114
(3) 2060	(11) 6936	(3) 3180	(11) 7533	(3) 3276	(11) 9216	(3) 3384	(11) 6860
(4) 2910	(12) 686	(4) 3498	(12) 1206	(4) 3759	(12) 1806	(4) 2820	(12) 2433
(5) 1278	(13) 4445	(5) 1076	(13) 4068	(5) 864	(13) 3564	(5) 952	(13) 6688
(6) 1869	(14) 2908	(6) 1645	(14) 6412	(6) 1827	(14) 5968	(6) 1752	(14) 5550
(7) 2355	(15) 8460	(7) 4240	(15) 7224	(7) 3944	(15) 8362	(7) 4648	(15) 3268
(8) 3548	(16) 860	(8) 5782	(16) 1008	(8) 4459	(16) 2136	(8) 5145	(16) 2080

33	34	35	36	37	38	39	40
(1) 906	(9) 1068	(1) 864	(9) 3738	(1) 270	(9) 2864	(1) 456	(9) 1629
(2) 1925	(10) 2816	(2) 732	(10) 4630	(2) 1539	(10) 5784	(2) 2768	(10) 6538
(3) 2838	(11) 2468	(3) 4020	(11) 8456	(3) 2142	(11) 9723	(3) 1467	(11) 3789
(4) 1030	(12) 844	(4) 4072	(12) 363	(4) 4368	(12) 2050	(4) 3408	(12) 1688
(5) 975	(13) 1981	(5) 1835	(13) 4944	(5) 762	(13) 3556	(5) 3294	(13) 2288
(6) 1505	(14) 3168	(6) 2395	(14) 2742	(6) 4230	(14) 4458	(6) 1595	(14) 7472
(7) 1804	(15) 6966	(7) 2490	(15) 9396	(7) 1796	(15) 8704	(7) 4248	(15) 8164
(8) 5872	(16) 3204	(8) 5736	(16) 2488	(8) 4914	(16) 2469	(8) 4368	(16) 1868

ME03

1	2	3	4	5	6	7	8
(1) 330	(9) 1656	(1) 1848	(9) 656	(1) 718	(9) 2340	(1) 1284	(9) 3156
(2) 966	(10) 476	(2) 1956	(10) 1458	(2) 2340	(10) 3162	(2) 3460	(10) 3385
(3) 916	(11) 1316	(3) 2290	(11) 2268	(3) 2061	(11) 4522	(3) 2228	(11) 6768
(4) 1758	(12) 2667	(4) 2300	(12) 3245	(4) 2304	(12) 5880	(4) 790	(12) 2514
(5) 1152	(13) 1341	(5) 879	(13) 2730	(5) 3536	(13) 5049	(5) 4656	(13) 5229
(6) 2736	(14) 3328	(6) 4096	(14) 2744	(6) 2997	(14) 1808	(6) 3460	(14) 6904
(7) 2310	(15) 2840	(7) 670	(15) 4584	(7) 3144	(15) 2349	(7) 4758	(15) 4494
(8) 3744	(16) 4536	(8) 3726	(16) 5706	(8) 4305	(16) 1348	(8) 4326	(16) 2896

ME03

9	10	11	12	13	14	15	16
(1) 1094	(9) 1857	(1) 2112	(9) 3370	(1) 1581	(9) 1304	(1) 1294	(9) 1510
(2) 1854	(10) 1496	(2) 1574	(10) 3460	(2) 1816	(10) 2799	(2) 4070	(10) 4320
(3) 3132	(11) 3508	(3) 1938	(11) 2268	(3) 3252	(11) 2856	(3) 1584	(11) 2829
(4) 4120	(12) 4630	(4) 4075	(12) 1894	(4) 3170	(12) 4375	(4) 2940	(12) 2688
(5) 2708	(13) 3770	(5) 2636	(13) 1578	(5) 2784	(13) 3945	(5) 1724	(13) 3645
(6) 2268	(14) 2732	(6) 2865	(14) 1854	(6) 2235	(14) 2592	(6) 2388	(14) 2673
(7) 1678	(15) 2496	(7) 1728	(15) 3692	(7) 2810	(15) 2601	(7) 2756	(15) 2544
(8) 5058	(16) 1930	(8) 2373	(16) 4360	(8) 1678	(16) 1852	(8) 2865	(16) 1996

17	18	19	20	21	22	23	24
(1) 3504	(9) 4314	(1) 3162	(9) 4592	(1) 3642	(9) 5536	(1) 3714	(9) 4396
(2) 3762	(10) 5058	(2) 4767	(10) 5517	(2) 5800	(10) 3594	(2) 6041	(10) 4590
(3) 5558	(11) 3696	(3) 5960	(11) 4530	(3) 6125	(11) 7650	(3) 4869	(11) 7488
(4) 5726	(12) 4571	(4) 7344	(12) 6734	(4) 8460	(12) 6405	(4) 7400	(12) 7328
(5) 5672	(13) 6440	(5) 5124	(13) 6588	(5) 5334	(13) 8919	(5) 6030	(13) 4152
(6) 5136	(14) 4608	(6) 4952	(14) 5562	(6) 5034	(14) 5334	(6) 4272	(14) 6741
(7) 4824	(15) 5958	(7) 8388	(15) 4578	(7) 5787	(15) 4956	(7) 5096	(15) 6832
(8) 7848	(16) 6606	(8) 5340	(16) 6528	(8) 7376	(16) 5392	(8) 5910	(16) 6601

25	26	27	28	29	30	31	32
(1) 570	(9) 1584	(1) 1420	(9) 1191	(1) 1044	(9) 2288	(1) 1350	(9) 5376
(2) 582	(10) 1144	(2) 632	(10) 1456	(2) 2023	(10) 2844	(2) 1344	(10) 4218
(3) 2712	(11) 1745	(3) 2013	(11) 2820	(3) 2600	(11) 2970	(3) 2933	(11) 1778
(4) 2315	(12) 1468	(4) 2192	(12) 3380	(4) 3744	(12) 3549	(4) 3186	(12) 3285
(5) 1428	(13) 1860	(5) 1478	(13) 1364	(5) 5894	(13) 5796	(5) 3997	(13) 3762
(6) 3610	(14) 3085	(6) 1371	(14) 1380	(6) 6048	(14) 4566	(6) 5733	(14) 3752
(7) 1070	(15) 1780	(7) 3620	(15) 1732	(7) 5427	(15) 5978	(7) 5784	(15) 6512
(8) 2538	(16) 2856	(8) 4115	(16) 2856	(8) 3192	(16) 7696	(8) 4812	(16) 5694

ME03

33	34	35	36	37	38	39	40
(1) 350	(9) 1890	(1) 450	(9) 1050	(1) 356	(9) 1974	(1) 984	(9) 1035
(2) 1300	(10) 3320	(2) 500	(10) 1800	(2) 1500	(10) 2632	(2) 1230	(10) 3885
(3) 1070	(11) 730	(3) 1820	(11) 2080	(3) 3168	(11) 4370	(3) 738	(11) 4578
(4) 1170	(12) 490	(4) 2550	(12) 1150	(4) 5736	(12) 1398	(4) 1404	(12) 1791
(5) 1080	(13) 2860	(5) 2600	(13) 2500	(5) 744	(13) 2370	(5) 3948	(13) 1578
(6) 850	(14) 4570	(6) 1490	(14) 4120	(6) 2430	(14) 6687	(6) 2592	(14) 2220
(7) 580	(15) 3150	(7) 1260	(15) 1290	(7) 4438	(15) 4424	(7) 945	(15) 1998
(8) 2080	(16) 5000	(8) 740	(16) 2680	(8) 7758	(16) 1854	(8) 1998	(16) 7104

ME04

1		2		3		4	
(1) 15	(11) 4	(21) 16	(32) 16	(1) 6	(11) 6	(21) 9	(32) 14
(2) 5	(12) 10	(22) 12	(33) 32	(2) 12	(12) 24	(22) 27	(33) 0
(3) 20	(13) 2	(23) 0	(34) 8	(3) 3	(13) 12	(23) 0	(34) 42
(4) 10	(14) 0	(24) 20	(35) 48	(4) 9	(14) 36	(24) 54	(35) 7
(5) 35	(15) 6	(25) 8	(36) 24	(5) 0	(15) 18	(25) 36	(36) 21
(6) 45	(16) 12	(26) 28	(37) 0	(6) 21	(16) 48	(26) 18	(37) 63
(7) 25	(17) 8	(27) 24	(38) 56	(7) 15	(17) 30	(27) 45	(38) 28
(8) 40	(18) 18	(28) 4	(39) 80	(8) 27	(18) 42	(28) 81	(39) 35
(9) 30	(19) 14	(29) 32	(40) 40	(9) 18	(19) 60	(29) 63	(40) 56
(10) 50	(20) 16	(30) 36	(41) 64	(10) 24	(20) 54	(30) 72	(41) 70
		(31) 40	(42) 72			(31) 90	(42) 49

5		6		7		8	
(1) 6	(11) 21	(21) 12	(32) 24	(1) 2	(11) 180	(21) 84	(32) 305
(2) 20	(12) 8	(22) 35	(33) 16	(2) 20	(12) 420	(22) 66	(33) 124
(3) 15	(13) 25	(23) 21	(34) 45	(3) 6	(13) 280	(23) 93	(34) 246
(4) 24	(14) 28	(24) 56	(35) 72	(4) 60	(14) 540	(24) 39	(35) 408
(5) 14	(15) 28	(25) 36	(36) 42	(5) 90	(15) 55	(25) 104	(36) 126
(6) 32	(16) 27	(26) 27	(37) 81	(6) 80	(16) 24	(26) 164	(37) 106
(7) 18	(17) 16	(27) 35	(38) 54	(7) 80	(17) 66	(27) 217	(38) 284
(8) 10	(18) 40	(28) 24	(39) 48	(8) 350	(18) 84	(28) 219	(39) 182
(9) 18	(19) 36	(29) 30	(40) 56	(9) 300	(19) 68	(29) 244	(40) 186
(10) 30	(20) 36	(30) 18	(41) 45	(10) 640	(20) 88	(30) 459	(41) 108
		(31) 64	(42) 54			(31) 568	(42) 368

9

```
(1)   2 2      (2)   3 2      (3)   6 1
    ×   4          ×   3          ×   6
    ─────          ─────          ─────
        8              6              6
    8 0            9 0            3 6 0
    ─────          ─────          ─────
    8 8            9 6            3 6 6

(4)   8 3      (5)   7 2      (6)   9 1
    ×   2          ×   4          ×   7
    ─────          ─────          ─────
        6              8              7
    1 6 0          2 8 0          6 3 0
    ─────          ─────          ─────
    1 6 6          2 8 8          6 3 7
```

10

```
(7)   1 6      (8)   3 7      (9)   4 9
    ×   6          ×   2          ×   2
    ─────          ─────          ─────
    3 6            1 4            1 8
    6 0            6 0            8 0
    ─────          ─────          ─────
    9 6            7 4            9 8

(10)  2 7      (11)  1 9      (12)  2 6
    ×   3          ×   5          ×   4
    ─────          ─────          ─────
    2 1            4 5            2 4
    6 0            5 0            8 0
    ─────          ─────          ─────
    8 1            9 5            1 0 4
```

11

```
(1)   3 8      (2)   5 3      (3)   6 2
    ×   4          ×   5          ×   6
    ─────          ─────          ─────
    3 2            1 5            1 2
    1 2 0          2 5 0          3 6 0
    ─────          ─────          ─────
    1 5 2          2 6 5          3 7 2

(4)   8 7      (5)   4 2      (6)   9 8
    ×   3          ×   6          ×   2
    ─────          ─────          ─────
    2 1            1 2            1 6
    2 4 0          2 4 0          1 8 0
    ─────          ─────          ─────
    2 6 1          2 5 2          1 9 6
```

12

```
(7)   3 4      (8)   9 5      (9)   8 6
    ×   3          ×   4          ×   7
    ─────          ─────          ─────
    1 2            2 0            4 2
    9 0            3 6 0          5 6 0
    ─────          ─────          ─────
    1 0 2          3 8 0          6 0 2

(10)  7 3      (11)  9 2      (12)  7 7
    ×   6          ×   3          ×   4
    ─────          ─────          ─────
    1 8              6            2 8
    4 2 0          2 7 0          2 8 0
    ─────          ─────          ─────
    4 3 8          2 7 6          3 0 8
```

13	14	15	16	17	18	19	20
(1) 99	(9) 1, 72	(1) 4, 162	(9) 1, 258	(1) 28	(9) 44	(1) 126	(9) 189
(2) 48	(10) 1, 94	(2) 2, 384	(10) 6, 203	(2) 48	(10) 155	(2) 126	(10) 405
(3) 88	(11) 4, 90	(3) 3, 270	(11) 4, 448	(3) 60	(11) 129	(3) 248	(11) 42
(4) 156	(12) 1, 92	(4) 1, 644	(12) 2, 388	(4) 63	(12) 128	(4) 146	(12) 64
(5) 168	(13) 2, 75	(5) 4, 108	(13) 3, 272	(5) 46	(13) 287	(5) 159	(13) 85
(6) 148	(14) 1, 72	(6) 2, 108	(14) 4, 469	(6) 66	(14) 64	(6) 720	(14) 56
(7) 427	(15) 2, 87	(7) 4, 340	(15) 4, 392	(7) 82	(15) 128	(7) 546	(15) 76
(8) 249	(16) 3, 76	(8) 3, 245	(16) 4, 390	(8) 68	(16) 208	(8) 328	(16) 78
					(17) 488		(17) 100
					(18) 216		(18) 92

21	22	23	24	25	26	27	28
(1) 68	(9) 57	(1) 115	(9) 140	(1) 60	(9) 72	(1) 80	(9) 504
(2) 78	(10) 112	(2) 264	(10) 264	(2) 52	(10) 370	(2) 198	(10) 276
(3) 92	(11) 108	(3) 390	(11) 140	(3) 86	(11) 282	(3) 75	(11) 58
(4) 70	(12) 161	(4) 364	(12) 440	(4) 279	(12) 152	(4) 252	(12) 532
(5) 98	(13) 170	(5) 156	(13) 588	(5) 235	(13) 66	(5) 210	(13) 129
(6) 54	(14) 138	(6) 135	(14) 130	(6) 150	(14) 268	(6) 168	(14) 420
(7) 105	(15) 216	(7) 296	(15) 675	(7) 276	(15) 190	(7) 228	(15) 504
(8) 96	(16) 256	(8) 255	(16) 392	(8) 371	(16) 498	(8) 164	(16) 356
	(17) 280		(17) 365		(17) 273		(17) 776
	(18) 234		(18) 194		(18) 123		(18) 279

29	30	31	32	33	34	35	36
(1) 136	(9) 384	(1) 282	(9) 228	(1) 204	(9) 1536	(1) 540	(9) 494
(2) 84	(10) 90	(2) 168	(10) 444	(2) 930	(10) 1486	(2) 489	(10) 987
(3) 234	(11) 456	(3) 304	(11) 344	(3) 864	(11) 4550	(3) 926	(11) 3096
(4) 456	(12) 846	(4) 608	(12) 98	(4) 906	(12) 648	(4) 2608	(12) 488
(5) 315	(13) 86	(5) 87	(13) 50	(5) 424	(13) 2448	(5) 784	(13) 4075
(6) 315	(14) 78	(6) 144	(14) 248	(6) 880	(14) 3208	(6) 1057	(14) 1312
(7) 144	(15) 348	(7) 174	(15) 595	(7) 369	(15) 1086	(7) 2256	(15) 1856
(8) 344	(16) 441	(8) 342	(16) 594	(8) 842	(16) 969	(8) 1004	(16) 1569
	(17) 357		(17) 756				
	(18) 486		(18) 186				

37		38		39		40	
(1) 592		(9) 774		(1) 1096		(9) 1855	
(2) 718		(10) 2534		(2) 2802		(10) 2984	
(3) 2125		(11) 5058		(3) 3415		(11) 1704	
(4) 4344		(12) 1836		(4) 1854		(12) 1239	
(5) 1614		(13) 2792		(5) 2688		(13) 3948	
(6) 5886		(14) 4395		(6) 1188		(14) 4417	
(7) 5896		(15) 5670		(7) 2451		(15) 2781	
(8) 4501		(16) 1668		(8) 3488		(16) 1084	

1	2	3	4	5	6	7	8
(1) 286	(9) 1280	(1) 620	(9) 744	(1) 1248	(9) 1210	(1) 264, 728	(5) 608, 2436
(2) 900	(10) 1419	(2) 876	(10) 1700	(2) 744	(10) 950	(2) 729, 1251	(6) 1620, 3590
(3) 2534	(11) 1300	(3) 2712	(11) 468	(3) 750	(11) 1998	(3) 1540, 2512	(7) 2946, 4998
(4) 2195	(12) 4767	(4) 1041	(12) 5194	(4) 2919	(12) 3084	(4) 1572, 2139	(8) 4120, 7392
(5) 1048	(13) 1468	(5) 1749	(13) 1590	(5) 1686	(13) 1252		
(6) 1941	(14) 2725	(6) 3780	(14) 3546	(6) 4270	(14) 5624		
(7) 5752	(15) 6936	(7) 5472	(15) 5256	(7) 2452	(15) 3700		
(8) 5124	(16) 3648	(8) 1668	(16) 2448	(8) 1562	(16) 2601		

9	10	11	12

9

(1)
117	3	351
2	242	484
234	726	

(2)
218	2	436
5	162	810
1090	324	

(3)
342	6	2052
4	215	860
1368	1290	

(4)
309	5	1545
7	450	3150
2163	2250	

10

(5)
426	6	2556
2	571	1142
852	3426	

(6)
538	3	1614
6	642	3852
3228	1926	

(7)
712	5	3560
2	865	1730
1424	4325	

(8)
874	8	6992
4	915	3660
3496	7320	

11

(1)
125	3	375
4	232	928
500	696	

(2)
213	6	1278
3	485	1455
639	2910	

(3)
514	6	3084
4	325	1300
2056	1950	

(4)
439	3	1317
2	658	1316
878	1974	

12

(5)
415	2	830
6	183	1098
2490	366	

(6)
572	7	4004
4	748	2992
2288	5236	

(7)
823	5	4115
3	674	2022
2469	3370	

(8)
715	4	2860
9	927	8343
6435	3708	

13	14	15	16
(1) 3600원	(4) 822개	(1) 700대	(4) 990명
(2) 586권	(5) 1300개	(2) 1644m	(5) 858개
(3) 972개	(6) 896쪽	(3) 500cm	(6) 2275개